我的森林笔记
春夏秋冬，天天与大自然亲近的文字，
致敬经典《森林报》
看见
生命
刘保法/著
山东教育出版社

图书在版编目（CIP）数据

看见生命 / 刘保法著. —济南 ：山东教育出版社，2017（2020.11 重印）
（我的森林笔记）
ISBN 978-7-5328-9775-9

Ⅰ.①看… Ⅱ.①刘… Ⅲ.①森林—普及读物 Ⅳ.①S7-49

中国版本图书馆CIP数据核字（2017）第120780号

看见生命

著　　者　刘保法
总 策 划　上海采芹人文化
选题统筹　王慧敏　魏舒婷
责任编辑　王　慧
特约编辑　魏舒婷　顾秋香
摄　　影　刘保法
绘　　画　夏　树
装帧设计　采芹人插画·装帧　王　佳　李　旖
http//blog.sina.com.cn/cqr2666
主　　管　山东出版传媒股份有限公司
出版发行　山东教育出版社
（山东省济南市纬一路 321 号　邮编 250001）
电　　话　（0531）82092664
传　　真　（0531）82092625
网　　址　sjs.com.cn
印　　刷　保定市铭泰达印刷有限公司
版　　次　2017 年 7 月第 1 版　2020 年 11 月第 2 次印刷
规　　格　710 mm × 1000 mm　16 开本
印　　张　8.5
印　　数　15 001-30 000
字　　数　100 千字
书　　号　ISBN 978-7-5328-9775-9
定　　价　20.00 元

（如印装质量有问题，请与印刷厂联系调换，电话：0312-3224433）

买了一个森林（代前言）

朋友问我，你现在住哪儿？我说住在一个森林里。朋友说，别开玩笑，市中心哪来的森林？我说我确实拥有一个森林，房子不算大，也不算豪华，但所处的森林却很大。

许多人都知道，我买房最看重的就是绿化。寻寻觅觅好几年没有如愿，都是因为绿化不行，抑或路途太远……最后终于在闹中取静的市中心，看中了这套居所。说来还真有点儿自豪，这套居所正好面对一片景观森林。鬼使神差，后来这片景观森林前面的两幢计划中的高楼，突然停建，又改建成了一片景观森林。于是我福运高照，拥有了两片景观森林合并一处的莽莽绿地。住在这套居所里，推窗便见绿，视野开阔；出门走进森林，一路郁郁葱葱，是不是等于住在一片森林里呢？

一个挥之不去的森林情结，就这么引导我下决心买下这套房。我买这套房，看中的就是这片森林。与其说买了一套房子，不如说买了一片森林。

我的森林情结，源于童年的秘密花园——一片独享的小树林。

关于那个秘密花园，我已经写过许多文章。在那里，我种桃树，种李树，种葡萄，和大自然分享成长的秘密；我捉鱼虾，逮鸟儿，挖城堡，给我的贫穷童年带来了精神上的富足；我在我的“树上阅览室”读书，我钻

进草丛倾听昆虫唱歌……它是我的童年乐园、幻想之地，它使我的心灵生活充满乐趣和梦幻，即使在黑夜里也能闪现温馨的亮光。

一个人如果在童年拥有一片“自己的森林”，那么这片森林一定会枝繁叶茂地活在他的记忆里，净化灵魂，丰富情致，使他变得优雅，变得有情、有趣、有爱心。

记得进城没多久，我就为母亲在老家的老屋门前开辟了一个花园。我到处寻觅树苗，在花园里种上了樟树、棕榈树、葡萄、冬青和月季花、蔷薇花等。每次带着女儿回老家，跟母亲坐在花园里聊天，那是我最幸福的时光。

我每搬一次家，都要跟旧楼院子里的树木，举行告别仪式；而在新居的院子里，我会重新寻找一个适合种树的地方。记得有次我从广州带回来一些鸡蛋果，吃了鸡蛋果后，把果核种在楼下院子里，第二年还真长出了幼苗。可是物业工人不识鸡蛋果，把它们当作杂草锄掉，让我可惜了好一阵。而我跟女儿共同栽种的那棵枇杷树，倒是顺利长大，粗壮茂盛。女儿还将一只死去的大山龟埋葬在树下。过了几年，枇杷树竟然结满了黄澄澄的果实。物业工人喜出望外，马上挂出牌子：不许采摘，违者罚款。女儿抱怨，我们种的枇杷树，怎么变成他们的了？我说，又不是私家花园，怎么说得清？不过看着有人喜欢，你心里肯定也很开心，对吧？这就够了，这就是枇杷树给你的回报！女儿不再抱怨，每次进进出出从树旁走过，跟人们共享着黄澄澄的枇杷果带来的快乐！

几十年来，我养成了一个习惯：每到一个地方，总要想方设法寻找那里的古树。我相信，有古树的地方必定有故事。我把它们拍摄下来，收藏在相册里，不知不觉已经累积了厚厚一大本。我取名《我的树兄树弟》，还写下了对它们的深情赞美……

一个对大自然、对森林充满敬畏、充满爱的人，上帝总会赐予他一些什么。于是，在我即将退休的时刻，幸运地买到了这片森林。有些事情真的很难说清，童年拥有一片小树林，退休后又拥有一片森林，好像冥冥之中注定了似的，让我找回我的秘密花园，回到童年，再次享受童年的乐趣。每每想到这些，我就会流泪。我不能不珍惜这种赐予。我几乎每天都要去森林，看望我的树兄树弟，除了出差在外（而出差回来的第一件事，便是去森林看看）。有时我几乎一天要去几次。我跟它们亲切交谈，询问它们生活得怎样，有没有困难。我拍拍它们的肩，摸摸它们的脸，倾听它们唱歌、呻吟和叹息。我经常写《森林笔记》，观察它们的生长情况，把每一个细小变化、每一个有趣故事都记录下来。我已经完全融入了森林，感觉自己也已经成为其中一棵树……我知道哪几棵树有枝叶枯萎了，哪几棵树被风吹倒了；我知道哪根枝条适合哪种姿势，哪棵树需要修剪……我即使闭上眼睛，也能说出树兄树弟们的模样和所在的位置，我对我这片森林的家底，真可以说是了如指掌：

桂花树一百棵、松柏树两百棵、樟树七十棵、银杏七十棵、榉树二十四棵、含笑五十棵、白玉兰十五棵、广玉兰十五棵、红叶李二十棵、月桂三十棵、樱花十棵、茶花八十棵、垂丝海棠十五棵、紫薇八棵、红枫十棵、青枫五棵、铁树六棵、结香五棵、紫荆六棵、柳树两棵、合欢两棵、杨梅十棵、梅树五棵、梨树两棵、橘子树两棵、鹅掌楸五棵、雪松三棵……还有竹林七片、大草坪一片，还有自然生长的桑树、枇杷、女贞……还有杜鹃、天竺、迎春、茶梅、海桐、龙柏、石楠、黄馨、栀子花、金叶女贞、红花金毛、八角金盘、瓜子黄杨、阔叶十大功劳、洒金东瀛珊瑚、冬青等灌木花丛，不计其数。还有草本花卉、野花野草，数不胜数……

我想大家应该理解我的心意，我之所以不厌其烦地写出它们的名字，就是想让它们知道，无论何时，我都没有忘记它们！

我一直认为，树木是有灵魂的。法国历史学家米什莱在《大自然的诗》里说：树木呻吟、叹息、哭泣，宛如人声……树木，即使完好无损，也会呻吟和悲叹。大家以为是风声，其实往往也是植物灵魂的梦幻……澳洲土著告诉我们，树木花草喜欢唱歌，它们日夜唱歌供养我们，可惜（高傲的）人类有耳不闻……贾平凹在《祭父》一文中写道：院子里有棵父亲栽的梨树，年年果实累累，唯独父亲去世那年，竟独独一个梨子在树顶……这就对了，树木的喜怒哀乐，树木的仁心爱心，跟人是一样的。所以说，人追求诗意居住的最高境界，不仅是美化环境，更应是自己的灵魂与森林的相互融合。达到了这个境界，人在森林里便是超然的。人无法成为永恒，但人的灵魂却因为森林而能成为永恒。这时，哪怕只是一棵树，在你的眼里，也是一片森林。人有了这样的森林，心灵就不会荒芜！

目录

十二月

一 月

二月

冬天在思考

经历了一个寒冬，森林里的树木凋零，花卉枯败，就连常绿的香樟树、冬青树和桂花树、茶花树等，也低垂着叶片，蜷缩着身子，在冷风里瑟瑟发抖。唯有她们俩，依然精神抖擞、喜笑颜开——

越冷越开花的腊梅

她毫不张扬，安安静静地站在冷风里，默默不语。

她的花色呈淡黄，所以也并不引人瞩目。

我是被她的香味拉住脚步的；然后循着香味回头张望，这才看到了她。哦，原来是一棵不起眼的腊梅，隐藏树林中，墙角独自开。她轻轻摇动枝叶，微微张开花瓣，好像有点不好意思说，但最后还是忍不住说了："来看看我吧，我香香的，也很可爱呀！"

于是我走上前去，开始认真注视、仔细观察——她的淡黄花色确

腊梅隐藏在树林中，墙角独自开。她好像有点不好意思地说："来看看我吧，我香香的，也很可爱呀！"

实不算鲜艳，但很清纯庄丽，淡淡的黄里就像浸润着一层蜡，在阳光里闪闪发亮。她的香味并不浓烈，但这种"不浓烈"恰恰成就了她清淡高雅的魅力；一阵一阵散发开来，沁人心脾……

这时刮来一阵凛冽的寒风，我忍不住紧缩脖子，朝挡风的墙角移动脚步。而她，却挺起苍劲的枝干，摇动着花瓣笑我，仿佛在说：你越是怕冷，真的会越来越冷；你越是不怕冷，就越不觉得冷……

我的脸刷地红了，两脚不由得回到了原地。突然间，我对她肃然起敬——在这天地苍茫、百花凋零的二月里，她悄然一枝、斗寒吐艳，而且越冷越开花，这确实是太了不起了！

我拍拍她的枝干，称赞说："向你学习，你真棒！"

我恨自己为什么没能早早地发现她——这棵不起眼的腊梅。

腊梅从十二月开始开花，已经足足开了两个多月，可我常常走过

此地，却熟视无睹，没有注意她，更没有如此近距离地仔细观察她。世界上许许多多平平常常、不事张扬的东西，往往就是这么被遗忘了。可她们也有自己的优点，也是珍珠呀！她们同样渴望发光，渴望被发现……

眼前这棵不起眼的腊梅，就是这样的一颗珍珠。

不是花胜似花的石楠

现在来说说二月里的石楠。

如果说腊梅是安安静静、文雅谦逊的话，那么石楠恰恰相反，她是一个特爱表现的“臭美狂”！她唯恐别人不注意她、看不到她，常常把自己打扮得花枝招展、鲜艳夺目。你看看，明明是叶子，不是花朵，她却在叶片上涂脂抹粉，那红艳艳的浓妆，甚至比花朵还妩媚，红得明亮剔透。明明是二月早春，冰雪尚未融化，天气寒冷入骨，她却早早地脱去了冬装，急急忙忙爆出嫩芽，而且是“霜重色愈浓，愈冷愈艳红”……这不是臭美是什么？

不过你别说，她的臭美倒是效果绝佳——所有森林里的同伴，都羡慕地看着她；所有走过此地的人们都朝她行注目礼，并且会情不自禁地赞美一句：“啊，好美的红花，开得多么热烈！”说这话的人中，恐怕十有八九不知道，她其实并不是花朵，只是红艳艳的嫩芽而已。她呢，听了这样的赞美，心里那个得意呀，于是就愈加臭美，抬头挺胸，摇头摆尾，又是唱又是跳，把那个“艳红”展现得淋漓尽致……

并不是所有的臭美都不可爱。“爱哭的孩子有奶吃，爱美的孩子

有人爱”就是这个道理。你看看，现在的人们不是越来越喜欢在森林里和马路边种植石楠了吗？——有的成片，有的成行。有的种成一个大圆形图案，有的长长一排沿着篱笆生长，远远看去，红红火火，延绵不绝。别出心裁的花匠甚至培育出一棵棵高大的巨型石楠，将其修剪成圆柱形，然后移植在大草坪上：太阳一照，就像一个个巨型火炬在燃烧，蔚为壮观！

石楠和腊梅，一个火红，一个淡黄；一个活跃，一个文静；一个热烈奔放，一个不露声色。但她们却有一个共同的特点，就是不畏严寒！她们敢于在众花衰败的季节里大放异彩、独领风骚；她们在冰天雪地的森林里一枝独秀。她们爱美，美了自己，也美了森林，给寒冬的森林带来了春天的活力。

流浪猫

大雾天，森林里的一切，被雾包裹；大大小小、高高低低的树，朦朦胧胧，就像淡淡薄薄的剪纸。麻雀在雾里飞来飞去，不停地飞，似乎要冲破雾。

不知为什么，我一看到雾，就会想起猫。雾慢慢聚拢时像一只猫，悄悄然移动脚步，在你膝间轻轻缠绕。你伸手去抓，“猫”又化作雾，默默逃掉。我常常把猫当作雾，把雾当作猫。在我眼里，猫就是雾，雾就是猫。

前面那棵大樟树上，就有一只猫。

那只白猫饿极了，可怜的样子让我心疼。

它是一只流浪猫，趴在树上一动不动，毫无表情地看我，时而又不屑地转向别处。雾，在它的眼前漂浮，好像漂浮着一种思想。它爬到树上，是想摆脱雾的缠绕，还是在思考雾，跟雾做有关人生的探讨？……我无从知道，只知道它是一只我曾经遇见过的流浪猫。

记得那次，它一直跟着我，我走到东，它跟到东；我走到西，它跟到西，不时喵喵叫，样子很可怜。它是在乞讨，更像是要我收留它。最后我走到楼下，它竟也跟到了楼下。我生怕它随我挤进门，就在用门卡打开玻璃大门的一刹那，赶紧把门关上。它失望地喵喵叫，隔着玻璃无奈地看我。我歉疚地抓头皮，隔着玻璃无奈地看它。我确实很无奈，我同情它，但绝不能收留它呀！我力所能及的，只是待会儿给它送去吃剩的半碗米饭、一条鱼尾巴……

忽然，我的心“咯噔”猛抽了一下——会不会这家伙记恨我当初没有收留它？！

我走到大樟树下，想跟这只猫解释，可它看也不看我，凝视着雾，做思考状。我想向它表示道歉，可它又不屑地把眼神转向远方，好像那里已经有它赖以生存的梦想……

我不敢再看它，回转身，悻悻然离开。

我在雾里走，心里也是一团雾……

在冬天的森林里看夕阳

在隆冬季节，到森林里看夕阳，会是一种什么样的味道？燃烧，那是一种燃烧的味道。

冬天里，落叶树的叶子已经落尽，变成了没有叶子的树，只剩下了枝丫；简单的线条，或笔直，或交织，延伸至树梢，细密如雾，直至天际。

可是就因为这种细密如雾的线条，才让夕阳获得了尽情表演的机会——它先把整个森林染红，给细密如雾的枝丫镶上金边，并且在林子里倾泻它那红彤彤的光辉。待到它一头扑进森林以后，那些细密如

夕阳也好像特别喜欢这棵落叶的梧桐呢！

雾的枝丫便即刻燃烧起来。夕阳越来越低，越来越大，越来越红，枝丫也燃烧得越来越旺。远远看去，一棵树就是一支巨大的火炬，熊熊燃烧……

我兴奋得扑上去，紧紧抱住了一棵燃烧的树，又从这棵树跑到另一棵树，紧紧地抱着它们，犹如抱住了一个温暖的夕阳……

地　盘

有一天，我在森林里看见了一件怪事——

那两只松鼠本来在一棵树上窜上窜下、悠然自得，玩得好好的。突然，它们紧张地竖起耳朵、睁大眼睛，刹那间便像两颗炮弹似的从树上冲下来。它们发现了“敌情”——有一只松鼠闯入了它们的领地，在树下觅食呢！两颗“炮弹”冲到树下，开始向那个同类张牙舞爪、步步紧逼，直到把它驱赶到五六米开外的地方，才慢慢回到树上，重新悠然自得。

这不是很奇怪吗？它们都是松鼠，是同类呀，为什么不能容忍呢？

我想了很久才明白：松鼠们虽然是同类，但各有各的地盘。而地盘是不容侵犯的，尤其是在食物短缺的冬天，最怕的就是有“强盗”侵入，盗窃过冬食物。

看来，松鼠跟人一样，在遇到“强盗”侵犯的时候，也会奋起反击，保卫家园！

松鼠和松树

松树说——我不是松鼠，
但能结松鼠爱吃的松果。
我让树枝向天空生长，
不是为了飞翔，
只愿扎根大地，
为松鼠营造坚固的树屋！

松鼠找到了希望。

松鼠说——我不是松树，
但能给松树带来快乐。
你没见我在不停地跳吗？
我在树枝上跳来蹿去，
那是我制造的一个个音符，
为松树弹奏快乐的歌！

鸟儿飞着飞着，冷死了

这种情况，在上海很少见，但在持续严寒的情况下，也会发生。我就看到过一次。

那天，我偶尔走过森林，只见空中有只飞翔着的麻雀，突然跌落

在地上；走上前一看，已经奄奄一息，很快就死了。

飞翔着的鸟儿突然死亡，一般有两种原因：一种是撞过墙，或者撞过玻璃，造成内出血，暂时没死，飞着飞着就死了。还有一种原因就是冷死的。也许有人会说："麻雀不是在飞吗？它在运动就会产生热量，怎们会死呢？"错了，鸟儿跟人不一样，不是靠运动产生热量的。它们躲在羽毛里一动不动，往往才是最好的避寒方式。

我估计，这只麻雀是因为饿极了，又找不到食物，无奈之下只好飞来飞去寻找食物，结果在寻找、飞翔过程中冷死了……

一只小麻雀到我家过年

忽然，我感觉到沙发底下有什么东西动了一下，仔细一看，原来是一只小麻雀！它从沙发底下探头探脑地出来，然后就开始在地毯上堂而皇之地散步，时而啄食着什么……

奇怪，家里怎么来了这么一个不速之客？

今天可是除夕呀，家家户户都在准备过年，可这小家伙怎么莫名其妙地出现在我家呢？它究竟是什么时候进来的？又是怎么进来的呢？一种判断是，它误打误撞，从阳台飞进客厅后，就再也飞不出去了。还有一种可能，它被阳台上的花草迷住了，想再看看客厅里还有些什么新鲜玩意，结果……

很自然地，我想起了那对曾经误解我的麻雀母子。

那天，一只羽翼未丰的小麻雀跌落在我家门厅外面。出于好心，我想把它送回森林，结果却招来了它的拼死反抗和它妈妈的步步攻击。

那么现在，它们是否已经理解了我当初的善意？这只已经长大的小麻雀是来向我道歉的吧？这么大过年的，或者说是来给我拜年，到我家过年的吧？……

想到这里，我忍不住笑了。

我想把这个有趣的事件记录下来，便悄悄拿出了照相机。我怕惊动了它，就拉开了长焦距。此刻，小麻雀的妈妈也飞来了，但它不敢进屋，只是站在阳台栏杆上“叽叽喳喳”地叫，好像是在唤小麻雀回去。可这小家伙并不理会麻雀妈妈的担心，依然兴致勃勃地在地毯上散步。只见它一会儿跳上沙发，在沙发上打了几个滚，很享受的样子；一会儿又跳到一本《上海文学》杂志面前，神情专注地看，好像它也喜欢文学；一会儿，它又跑到书房里转悠，又跑到厨房里视察，连卫生间也不放过……

这样的散步，足足持续了两个多小时。

在这段时间里，我完全可以把小麻雀抓起来，然后关在一只笼子里养着，逗它玩。可我没这么做，我打开了所有的门窗……

小麻雀终于飞出了客厅，跟阳台上的麻雀妈妈会合，双双飞回了森林。

看着它们母子渐渐飞远的背影，我心里甜甜的，为它们祝福。

回去吧，亲爱的小麻雀。欢迎你到我家做客，谢谢你来看我。不过，今天是除夕，你应该回家去，跟你的家人团圆，跟你的家人一起过年。祝你们全家幸福、美满、安康！

十二月

森林之魂

森林是有灵魂的，这话不是我说的。

——是老子的老师说的。据说老子的老师临终留下遗嘱，要老子“过乔木而趋”，也就是说，路过老树要上前致敬。道理很简单，草木有灵性。

——是孔子说的。两千五百多年前的孔子，在孔庙亲手种植了一棵桧树。它多灾多难，曾多次被毁，枯死。可它每次被毁后，都能死而复生，重新长出新枝，是孔子精神不死的象征。

——是岱庙里的千年汉柏说的。那五棵汉柏，棵棵粗壮得惊人，两三个人都合抱不过来；根须裸露在外面，像化石……据说好事者砍伐汉柏，见刀口流血不止，吓得再也不敢砍伐。

——是千年银杏谷说的。银杏谷的百姓把千年银杏敬为神。遇到灾荒，千年银杏就加倍回报百姓。银杏树通身是宝，一棵大银杏树，一年就能造就一个“万元户”。

这样的故事，还能说许多许多。这些故事播种在我的森林里，让我一走进去便不由自主地要祭拜；我祭拜每一棵树，思索着它们给我的种种感动、教诲和启示。

不死的树

终于，从那干枯的躯干上，冒出了绿生生的嫩芽。数一数，十几个呢！

它是森林里十棵大樟树中最大的一棵。看它粗壮遒劲的胸围，看它盘根错节，根系庞大，我猜测，它在山里肯定已经站立上百年了，是一棵值得祭拜的古树呢！

可它八年前移居我们这个小区的森林的时候，却遭遇了种种磨难。

可能是水土不服，可能是移植时碰伤了根系，也可能是路途劳累脱水……总之不到一年，这棵巍巍耸立的大樟树，就渐渐萎蔫了。先是叶子枯黄。支撑了不到一年，叶子全部脱落，就像一根枯木头立在那儿。

焦急的花匠想尽了办法，甚至还为它输液抢救，但是新叶还没长出来。不知是无意失算，还是故意要考验它的生命力，花匠竟然把这棵大樟树种在了一片竹林的旁边，讨厌的竹林又来跟它抢地盘。高傲的竹林用肆意扩张来轻视它，凭着强劲旺盛的繁殖能力，开始向大樟树蔓延过来；一棵棵竹笋钻进了大樟树的根系里，浓密的竹叶遮住了大樟树的阳光……人们开始为这棵大樟树的命运担忧，每当走过它的身边，便会停止脚步，久久凝视，然后叹气，惋惜道："看来，它要死了。多好的一棵树！"

没有。它没有死。它是树王，不会死。

它知道生命是脆弱的，一不小心就会消失；生命又很顽强，常常

会奇迹般渡过一个又一个险关。对于磨难，你怕它，它真会压垮了你；你不怕它，它反倒被你吓跑了……

面对张牙舞爪的竹林，大樟树蔑视侵犯。它的根系在泥土里拼命挣扎，向土壤的最深处生长，从更广阔的地方吸取水分和营养；它的树汁在体内坚持不懈地滋生、流淌，滋生、流淌……它在积聚能量。

在这块土地上，竹林疯狂进攻，樟树顽强抵抗，它们就像两个互不相让的角斗士，进行着一场殊死搏斗。终于有一天，大樟树干枯的躯干上绽开了生命的嫩芽。这些嫩芽在太阳雨露的滋养下，飞速地成长，一年、两年，渐渐长成了浓浓绿荫。大樟树又精神抖擞起来，大樟树又枝繁叶茂起来。而这时，蔓延到大樟树下的竹子已经死亡，原本跃跃欲试、大举进犯的竹子，再也不敢靠近。它们退却了……

大樟树，就这么战胜了磨难。说也怪，战胜磨难的大樟树竟然变得更加美丽了。那十几个从粗壮躯干上绽出的嫩芽，整整齐齐向四周天空延伸，就像一个舞者的长发，清秀油亮，婀娜飘逸。人们喜不自禁，每当走过它的身旁，便会注目称赞："哦，终于又活了，活得更精彩了！"我呢，更是忍不住要歌唱它——

森林里有棵樟树高大华丽，浓浓绿荫可以遮盖整个大地。我激动地问那樟树，森林里的树王可是你？樟树骄傲地挺直胸膛，好像要用枝丫顶破天际。

森林里有棵樟树犹如仙女，在晨光里婀娜多姿让人醉迷。我激动地问那樟树，森林里的舞王可是你？樟树不语，舞动枝叶跟我亲昵……

历经磨难的大樟树真的更加美丽了；或者说，有一种美丽就叫磨难！

没有叶子的树

十二月是真正的冬天。历经几场寒风，许多树的叶子都脱落了，变成了没有叶子的树。有人便说：没有叶子的树变得难看了。我说恰恰相反，没有叶子的树变得更加漂亮了。一个园子，如果全部栽种千篇一律的常绿植物，那么肯定是平淡无味的。只有在常绿植物中交织种植落叶的大树，这个园子才有了艺术的变化和灵动，有了生气，有了魂。

我之所以格外钟爱我的森林，除了它面积大、树种多外，另一个很主要的原因，就是布局巧妙，种植了榉树、银杏、鹅掌楸、合欢等十余种落叶乔木。尤其是那二十四棵高大粗壮的榉树，就像二十四个巨人，巍巍耸立，摄人心魄。加上它的枝丫由粗到细，渐次向空中伸展，整齐而有规律。从审美的角度来看，整齐和规律本身就是美。所以每当树叶脱落，这二十四棵榉树便冲破绿色，鹤立鸡群，不同凡响。这个季节，它们就是森林的主角。我常常不厌其烦地欣赏它们的各种美丽，并且在有阳光的日子里，用照相机为它们画画——

好像有点孤单。是的，没有了叶子的树，光秃秃的，在冷风里独自面对。可是正因为没有了叶子，它们的树干和枝丫才有机会展露更真实的姿态，才让人们看到了流动的脉络和纹理，看到了真正的树——率性，本真，优雅，昂扬。

好像有点凄凉。是的，这种凄凉表现为线条的简单。没有了叶子的树，只剩下了枝枝丫丫；简单的线条，或笔直，或交织，延伸至树梢，细密如雾，直至天际，像一张悬在半空的雾蒙蒙的网。可是就因为这种细密如雾的线条，就因为这种褪尽了繁杂和多余的简单，才让人感受到了一种浓浓的诗意，看到了一幅幅百般灵动的水墨画。我最喜欢的就是这种感觉，有一种美丽就叫简单。

好像有点沉寂。是的，在这些日子里，没有了叶片随风摇曳的阵

没有叶子的树，成了这里的主角！

阵絮语，没有了花期引来的欣喜目光，只剩下了沉寂，和偶尔风吹树枝生硬的碰撞。可是这种沉寂肯定是短暂的，它不是衰败，不是死亡，它在默默积蓄力量，孕育另一个更蓬勃更热烈的成长。要不了多久，在它先前落叶的地方，就会爆出绿生生的春芽！

所以我说，冬天没有叶子的树，其实是最美丽的树。

现在，我已经把许多种没有叶子的树，用照相机画成了美丽的画，有的妩媚，有的雄伟，有的清秀，有的优雅……我被它们的千姿百态感动，看着它们，我感觉，灵魂拥抱着灵魂。

森林确实是有灵魂的。不仅有灵魂，还有不同的性格，不同的品格，不同的情感，甚至不同的血型……一棵树就是一颗灵魂：生命之树！

只有对大树心存敬畏，才能感受到大树的呼吸和脉搏，感受到大树的这份仁心、慈心和爱心，感受到大树那天籁般的寂静和神秘。

——这话是我说的，是森林告诉我的。

藤　蔓

我注意它，是它从杜鹃花丛中冒出头的那一刻——细长的茎，叶片嫩嫩绿绿，探头探脑，就像一个淘气顽皮的孩子，从杜鹃花的胳肢窝里钻出脑袋，嬉皮笑脸地朝你眨眼。

于是我开始注意它，观察它。

我看着它慢慢地向围墙爬行，然后沿着墙角向上爬行，坚持不懈地爬……它终于登上了墙头。我想，现在看你往哪里爬！墙头上方虽然有一棵香樟树，但墙头和香樟树之间有一米多的悬空距离呢！你能逾越吗？我断定，它只能改道而行，向别处攀爬！但是过了几天我再去看，竟然惊奇地发现，它已经逾越了一米多的悬空距离，攀上了那棵香樟树的枝干。

在以后的日子里，它似乎放开了手脚，轻松自如、无拘无束地攀爬，没多久就爬到香樟树的最高处，绿叶葱茏地安家落户了！

它是一棵藤蔓。我叫不出它的名字，就去问花匠。问了好几位花匠，有的说可能叫崖爬藤，有的说可能叫柚叶藤，有的说可能叫黄金葛……但是没有一个人能肯定地说出它的确切名字，所以我只能叫它藤蔓。

藤蔓的品种太多了，在森林里随处可见。它们或沿着围墙攀爬，或沿着树干攀爬，或缠绕着竹竿螺旋式攀爬，或紧贴着石块攀爬……

而更多的藤蔓，因为找不到依附的支架，就在草地、花丛和灌木丛中，毫无目的、不守规矩地胡乱生长，弄得好好的花坛草坪杂乱无章。它们确实像一个个惹人生厌的顽皮孩子，在安静听讲的教室里突然站起来大声喧哗，在排列有序的队伍里故意乱窜、胡搅蛮缠……所以，我跟花匠一样，并不喜欢藤蔓，恨不得将它们斩草除根。直到这棵藤蔓奇迹般地逾越了一米多的悬空距离，百折不挠、勇往直前地攀上了香樟树的枝干，我才开始对它们刮目相看。

我至今都不明白，这棵藤蔓是怎么逾越那一米多悬空距离的。但我却从此改变了对藤蔓们的看法，并渐渐发现了它们的许多可爱和诗意。你看——

那棵藤蔓爬上了一棵枯死的老树，老树重新绿意葱茏，焕发青春，获得了生命——这不是一首诗吗？

那棵藤蔓从一个树洞里爬出，一直攀上树顶，然后得意扬扬地讲述自己和树的童话——这不是一首诗吗？

那棵藤蔓沿着水泥墙攀爬，在苍白的水泥墙上画画，跟孤独的水泥墙说话；水泥墙不再苍白，水泥墙不再孤单——这不是一首诗吗？

那棵藤蔓在坚硬冰冷的铁栅栏上缠绕，铁栅栏顿时喜笑颜开，平添了一份温柔、浪漫和优雅——这不是一首诗吗？

那棵藤蔓在竹子上攀爬，然后在竹叶丛中开花结果，让人们傻傻地发呆：奇怪，竹子怎么也会开花结果呢？——这不是一首诗吗？

……

藤蔓是淘气顽皮的。但我相信，藤蔓肯定会变成一首优美的诗！

被麻雀误解

人与人相处，总有被误解的时候，想不到这次竟然被麻雀误解了。

那是一个傍晚，夕阳笼罩，万物披着红光，呈现朦朦胧胧的诗意。我喜欢这样的傍晚，和往常一样，我去楼下森林散步。就在走过门厅，推开玻璃门的瞬间，我看见了这只麻雀。之前，它正好奇地朝玻璃门内张望，而当我推开玻璃门，跟它相遇时，它却受到了惊吓，惊恐万状地躲避。一般情况下，麻雀遇见了人，会马上飞起来逃之夭夭。而它只会一跳一跳地躲避，说明它还不会飞，是一只羽翼未丰的小麻雀！我又惊又喜，开始注意它，猜测它：这个冒失鬼，为什么擅离鸟窝，跑到大楼门厅前探头探脑呢？它究竟是跟我一样，被美丽的夕阳吸引了呢，还是对大楼门厅里人类的秘密产生了兴趣？也许，它跟麻雀妈妈闹矛盾，意气用事地离家出走？……殊不知，对于一只还不会飞的小麻雀来说，这是多么危险呀！

我想劝说它赶快回去，回到妈妈身边，可我不懂麻雀的语言。

我就蹲下身子，伸出双手，想把这小家伙捧在手里，然后送它回家。很显然，小麻雀并没有理解我的好意，一个劲地惊叫着，退缩着，逃避着。与此同时，我的身后突然又响起了另一只麻雀的惊叫，回头一看，是麻雀妈妈在半空中盘旋，做着俯冲的姿势，那眼神，那声嘶力竭的样子，分明是在警告我：“不许碰它！”我连忙摇着手说：“千万别误会，我不是抓它，我是想送它回家。”可麻雀妈妈丝毫不领情，依旧不停地喊叫，做着俯冲的姿势……

我只得缩回双手，退后一步，远离那只小麻雀。麻雀妈妈乘势飞到地面，护送着小麻雀，跳跳蹦蹦地躲进了门厅旁的杜鹃花丛里。

夕阳在杜鹃花的花瓣上摇晃了几下，归于平静。

我就这么被麻雀误解了！我原本应该是救助小麻雀的英雄，如今却成了伤害小麻雀的恶人？我明明是好意，为什么却被误解呢？我抓着后脑勺，无奈地苦笑。但我很快就想通了：被人误解是常有的事，身正不怕影子斜，即使被误解，心亦该坦然！

蜜蜂怎样过冬?

天气越来越冷，可是蜜蜂“蜂多势众”，可以改变蜂巢里的温度。当工蜂们感到蜂巢内的温度太低时，就会聚集成球状，把蜂后包围在中央；最里面的工蜂不断地震颤连接翅膀的肌肉，使体温升高，蜂巢内的温度也就变暖了；外围的工蜂们则尽量包围得密不透风，不让热气散出，也防止冷空气侵入。等到外面的工蜂们冷得吃不消了，里面的工蜂们会跟它们换班……就这样，蜜蜂们依靠团结，可以安全过冬。

叶子魔术师

每年十二月，圣诞花新长出的叶子就会变成红色。红彤彤的叶子有大有小，错落有致，真像个叶子魔术师！

圣诞花的花蕊实在太小，所以要靠这些红彤彤的叶子，来吸引昆虫授粉。

圣诞花分泌的乳汁，对眼睛有强烈的刺激性，所以手沾到乳汁后，要避免去揉眼睛。

虐待植物被判刑

南美洲的哥伦比亚卡里市，曾经审判了一起“虐待植物”的案件，被告人是一位家庭主妇。据说这位家庭主妇在半年多以来，虐待了一百二十株品种很珍贵的花草树木，不浇水、不施肥，致使这些植物全部枯萎。她还故意火烧或刀砍植物，致使这些美丽的名花异草变成枯枝败叶。面对指控，这位家庭主妇哑口无言、供认不讳。主控官在法庭上说：“我们需要向人们宣示，任何人都不能虐待一切生存着的对人类有益的东西，即使是一株植物，因为它是有生命的。”法官判家庭主妇坐监六个月，并要她出狱后到一个植物培植场义务劳动一段时间……

鸟　树

不知为什么，女儿这几天总有点儿心神不定。

她每次从幼儿园回家，就要抢着打开窗户，然后趴在窗台上满脸忧愁地朝外看着什么。一阵秋风嗖嗖地吹过来，她会愤怒地喊着“去去去”，举起小拳头驱赶秋风，好像秋风会来抢走她最心爱的“哭笑娃娃”。

有一天，女儿打开窗户，突然声嘶力竭地哭叫起来：“爸，快来看呀！”

我急忙飞奔过去，差点撞倒了桌上的花瓶：“怎么啦？什么事把你急成这样？”

“你看呀，那棵椿树的叶子全被秋风吹落了。椿树没衣服穿了，小鸟也不会来了，爸爸快想想办法吧，快把叶子给椿树穿回去吧。”

哦，原来女儿是在为窗前那棵椿树担忧呀！

窗前的那棵椿树，是女儿出生那年破土而出的。几经风雨，椿树和女儿一起长大；女儿读幼儿园了，椿树也已经长到了三层楼那么高。

每逢春夏季节，椿树就有规律地展开枝丫，撑起一蓬蓬嫩嫩的绿叶子，就像一顶大绿伞，正好在我家窗前撑起了一片阴凉。鸟儿们会成群结队飞过来歇息乘凉，抑或在枝叶丛中“叽叽喳喳”鸣唱。孤单的女儿更是欢天喜地，搬个小凳子坐到大绿伞下玩耍，趴在窗台津津有味地瞧着鸟儿们飞。鸟儿们呢，好像也挺喜欢女儿，常常在树枝上排成一行行给女儿唱大合唱，唱完就会飞下来，在女儿周围盘旋，或轻轻亲吻女儿的蝴蝶结，或停在女儿肩上侧脸看女儿。如果女儿去奶奶家住了两天，它们会从椿树飞到窗台朝里看，轻轻叫唤，它们想念女儿了，它们是来我家探亲的呀！

椿树给鸟儿和女儿带来了快乐。椿树是鸟儿们的天堂，更是女儿心中的一片绿地，这就难怪女儿为什么要为椿树担忧了！

这天晚上，女儿一直没睡好，她的小床咯吱咯吱不停地响。第二天起床后，她又跑进跑出，风风火火，不知在忙什么。过了一会儿，女儿突然兴奋地喊叫起来：“爸爸快来看，椿树长叶子啦！椿树又长叶子啦！”

我莫名其妙地跑到窗前一看，哇！那棵椿树果真又长满了叶子；再仔细一看，哪里是什么叶子，活脱是一只只鸟，椿树的每一个枝头几乎都停着几只鸟，一百个枝头，少说也有上百只鸟吧……真是神奇而壮观！

兴许是怕惊动了这些奇迹般出现的鸟，女儿尽量压低嗓门，神秘兮兮地对我说：“爸，鸟儿倒是蛮讲情义的噢，它们怕椿树挨冻寂寞，就又飞回来了。它们飞回来是给椿树当叶子的。它们是鸟叶子，椿树有了鸟叶子，就变成一棵神奇的鸟树啦！我家窗前有了鸟树，我就又可以跟鸟儿们玩啦！”

我被女儿的稚气和真情感染了，很久很久没说话。我不知道造成“鸟树奇观”的真正原因，也不知道该怎样回答女儿，我只是觉得心里有一股暖流在流动：人是讲友情的，树是讲友情的，鸟也是讲友情的，正因为万物都在呼唤着友情，世界才变得如此美好！

过了好些时候，我才知道“鸟树”出现的缘由——那天早晨，女儿将满满一桶爆米花，撒在了椿树底下！

人人都是“鸟王”

十几年前，我去采访“驯鸟专家”周伯诚。周伯诚在家里精心驯养了三四十只鸟儿，那些鸟儿看见周伯诚就如儿子看见老子、臣民叩见皇上，每一只都跟他亲亲热热，都服服帖帖地在他指挥下表演各种动作。所以，人们无不敬佩周伯诚，称他是“鸟爸爸”“鸟王”。

十几年前的上海，人和动物几乎是完全敌对的。很多人为了吃动物而捕杀它们，所以动物见了人总是胆战心惊，稍有异动就逃之夭夭。鸟儿更是如此，人还没靠近，就已飞得没了影。正因为如此，周伯诚和鸟儿的亲近就显得格外稀奇、珍贵。

问题是到了欧洲，这种稀奇和珍贵就变得不值一提。在欧洲，人鸟亲近竟是那么稀松平常，欧洲的鸟儿根本就不怕人！比如说，前面有一群鸟儿，你走过去，鸟儿不仅不会飞走，甚至还会跑过来，抑或在你脚下散步，抑或落在你肩膀上歇息……在欧洲的日子里，这种现象几乎随处可见：天鹅在苏黎世湖里悠游，人们在湖边一坐，天鹅就会游过来跟人做伴。巴黎歌剧院广场上的女孩要鸽子们跳个舞，两只鸽子真的飞上飞下，朝着女孩翩翩起舞。巴黎圣母院后花园里的那一幕更是令人叫绝，无论是大人还是小孩，好像人人都经验丰富，人人都变成了“鸟王”，他们一个个兴致勃勃地用手里的面包屑逗引麻雀，麻雀们则毫不畏惧地停留在他们的手心里啄食；其他等待啄食的麻雀一只接一只扑扇着翅膀排队，竟在空中排成了一个个“麻雀风筝”，场面煞是壮观有趣……

某天，我在布鲁塞尔的一个池塘边，看到两只叫不出名的鸟儿。鸟儿非常漂亮，灿烂的阳光像舞台灯光似的照着它们，把它们照得异常突出醒目。我暗暗高兴，这是一张多么美妙的照片呀！我生怕惊动了它们，就蹑手蹑脚地靠近它们，靠近它们。其实我如此紧张纯属多余，它们压根儿就没有逃跑的意思，反而转过头来，用眼睛多情地看着我，摆好姿势让我拍。

我乐不可支地横拍了一张照片，它们依然没有飞走的意思，又换了一个姿势，继续多情地看着我：“来，再拍一张！”

我连忙又竖拍了一张照片，然后极为满意地说：“好了，现在你们可以飞走了。”

没想到它们还是不想飞走，而第三只鸟儿也悄悄跑过来，希望我把它也拍进照片……

我笑了。

我很久都没弄懂，欧洲的鸟儿为什么跟人们相处得那么融洽？

有一天，一个小镇的河水猛涨，一群野鸭也顺着水势游进了一户人家的庭院。这户人家豢养的狼犬对着野鸭凶狠地狂吠，主人闻声出来，拍拍狼犬的脑袋，说：“不许叫，它们也是我家的客人。”接着又读到两条消息，一条说德国人到市场买鱼，摊主总是将鱼敲死了再卖给你，为的是怕你虐待活鱼；另一条说一队鸭子过马路，所有的汽车都停下来为鸭子让路。还听到两个传闻，一说几个捕杀鸟儿的人被严厉地处罚；二说一个留学生因打死了一只野鸭而被驱逐出境。不管这两个传闻是真是假，但欧洲人从来也没有想过把野鸭、鸟儿变成饭桌上的美味佳肴是真的！

这时我才明白，原来是人们首先尊重关爱了动物，动物们才反过来尊重亲近人们。就跟“驯鸟专家”周伯诚一样，鸟儿们把他尊为“鸟王”是建立在他对鸟儿们真诚相待的基础上的。鸟儿们把欧洲人尊为“鸟王”也是建立在欧洲人首先对鸟儿们真诚相待的基础上的。

鸽子会飞到你的手上，野鸭会躺在你的脚边眯着眼休息，鸟儿会让你尽情拍照，所以在欧洲人人都是“鸟王”！

人与人相处需要真诚相待，人与动物相处何尝不是这样？

看千年汉柏

泰山居中华“五岳独尊”之位，所以游客到了泰安，没有不登泰山的。可是许多人其实并不清楚，泰山脚下的岱庙和里面的千年汉柏，也是不能不看的。

说岱庙之奇特，是因为它跟所有的庙宇不一样，四周高筑城墙，庙堂像皇宫一样威严肃穆。因为历代帝王登泰山前，必定要在这里祭祀泰山神，沿袭“君权神授”的封禅仪式，所以岱庙始终享受着帝王的规格。

说汉柏之古老，是因为岱庙里有五棵柏树，相传是汉武帝封禅时亲手所植，已有两千一百多年历史。在我登泰山的前一天，专程去岱庙拜访了这五棵千年汉柏。我曾看过北京皇城里的古柏，看过孔庙里的古柏，看过广福寺里的“清奇古怪”……但站在这五棵汉柏面前，我还是被震撼了！走进岱庙东侧的汉柏院，只见庙墙处林立着百余种咏岱诗碑、石刻，其中有宋代米氏的“第一山”，明代张钦书的“观海”，清乾隆御制汉柏图碑，还有张衡、曹植、陆机等人的诗碑石刻，真是大饱眼福。而那五棵汉柏，棵棵粗壮得惊人，两三个人都合抱不过来，根须裸露在外面，像化石，又像虬龙蟠旋。枯枝从苍翠中钻出来，像龙凤在空中飞舞。从枯枝上重新绽出的嫩芽，恐怕也已有千余年了吧，同样枝繁叶茂、黛色参天……

我是怀着敬畏瞻仰它们的。两千一百多年，一个又一个朝代兴衰更替，而千年汉柏却始终苍劲挺拔。它们见证了多少令人深思的传奇故事呀！五棵汉柏，其中一棵虽已枯死，但留下的故事却代代相传。传说山东大军阀孙良诚曾率部队驻扎泰安，把岱庙当作他的大本营。一天，有个士兵听说当年赤眉军想砍伐汉柏，见刀口流血不止，竟吓得再也不敢刀砍。出于好奇，士兵提刀想亲自尝试，看看汉柏是否真的会流血不止。但他的行为被庙里的道士阻止了，并被状告到孙良诚那里。孙良诚也听说过赤眉军砍树的传说，当然不敢乱来，于是就重罚了士兵。事后，那士兵怀恨在心，就乘夜将一团沾有汽油的棉花塞进树洞点燃，把这棵汉柏烧死了。烧死的汉柏顽强挺立，依然不倒……

不管这些传说是真是假，但我记住了汉柏的持久和坚韧。这种持久和坚韧，使它与岁月同存。第二天，当我再登泰山的时候，仿佛已经从两千一百多年前的历史中走出来，看到泰山沿途林林总总、眼花缭乱的诗碑、石刻，有一种似曾相识的感觉，新奇而鲜活。

我看汉柏半天，汉柏还我千年。

树叽叽喳喳唱起来

叶子落了，风也走了。光秃秃的树一声不响，无精打采。蜗牛要爬过去，安慰一下树。

可是奇迹发生了，树突然叽叽喳喳唱起来。蜗牛远远看去，树又长满了叶子，快乐地唱歌——真奇怪，秋天还没离去，春天怎么就来了呢？树怎么会唱歌了呢？

蜗牛爬到树下一看：原来是一群鸟儿飞来，做了树的叶子。

橡树和鸟儿

春天的时候——
橡树还没开花。
鸟儿急了，
急着要把春天带给橡树，
就停在橡树枝头。
——鸟儿是橡树的花。

夏天的时候——
橡树枝繁叶茂。
鸟儿热了，
热得不喜欢太阳公公了，
就躲进树叶里。
——橡树是鸟儿的家。

秋天的时候——
橡树开始落叶。
鸟儿一声惊叫：

叶子怎么也会飞？
鸟儿四散逃跑，
摇晃的枝条驮满金黄的笑。
——叶子是吓跑了鸟儿的鸟。

冬天的时候——
橡树的叶子已经落光。
鸟儿有点担心，
担心橡树爷爷怎么过冬，
鸟儿就又飞回枝头。
——鸟儿是橡树的叶子。

橡树和鸟儿，
他装扮了你，
你扮演了他；
你帮了他，
他帮了你。
一年四季，
就这么一直一直地
做着好朋友！

是猫，还是雾？

雾来了，
悄悄然飘进窗户。
猫觉得奇怪，
雾怎么会走猫步？
可它还没想明白，
一眨眼，
雾已把猫罩住。

猫逃出窗户，
像雾一样走路。
雾觉得好玩，
跟在后面散步。
很快地，
雾变成猫，
猫化作雾。

一月

看见生命

一

一月，可以说是一年中最冷的一个月。

刺骨的冷风，在森林里肆虐游窜。光秃秃的树枝颤抖着，常绿树的叶子低垂着，树根和球茎冻僵了，鸟儿们则蜷缩着身子，躲进了窝……

整个森林沉睡了，好像没有了生命。

二

眼前是一片美人蕉。

“美人蕉”真是名不虚传。整个夏天和秋天，它们连续不断地盛开着鲜艳的花朵，有红有黄，如火似霞，非常漂亮。可如今，“美人蕉”已经变成了“丑巫婆”。它们是在黑霜降临时开始枯萎的，到了隆冬季节，鲜花早已不见踪影，只剩下了枯枝败叶，东倒西歪地躺在僵硬的土地上，苟延残喘，惨不忍睹。

我心疼地看着它们，感叹人生苦短。

我甚至会在心里产生一种窥视的欲望，真想借一缕刺骨的冷风，偷偷地把大地吹开一条缝，看看被这片“丑巫婆”覆盖的地底下，究竟是什么模样。看看美人蕉的根系是否还活着，看看过冬的美人蕉究竟孕育了多少球茎嫩芽，是否都安好……

其实只要仔细观察，便能看到“丑巫婆”的根部是绿的，还带点紫，那就是生命的象征；只要稍微拨开泥土，又能看见绿紫色根部已经绽出了芽苞。看来，变成了“丑巫婆”的美人蕉依然活着，这是毫无疑问的。但好奇心还是驱使着我，用刀把泥土切开——顿时，我看见几只冬眠的蚂蚁四处逃散；尚未破茧的蝴蝶虫卵紧靠着美人蕉根须安睡。美人蕉根部那一串串浅黄色的嫩芽，赫然展现在我的眼前，数一数，足有十来个；胖嘟嘟的，就像十来个活泼可爱的胖娃娃，喜笑颜开地朝我做鬼脸……

我欣喜若狂，观察了好一阵，又小心翼翼地用泥土将它们掩埋好。

这就是美人蕉，一种多年生的宿根草本花卉。它既有妩媚的姿态，又有顽强的生命力，即使冰封雪地，也会在泥土的深处长出许多浅黄色的嫩芽，孕育无限的生机。

美人蕉是这样，它的其他同类何尝不是这样，它们都在用各自不同的方式度过严寒。

花匠还告诉我，他之所以保留着那些“丑巫婆”，没有及时处理掉，只是想让它们给美人蕉宝宝做过冬的棉袄……

三

突然听到“噼啪”一声响，很轻很轻，但我还是听到了。我猜测，那一定是种子爆裂的声响。这个慢吞吞的家伙，怎么到现在才想到爆裂？是不是舍不得离开妈妈的怀抱？

我回头去寻找，看见一棵高大的紫薇树上挂满了暗褐色的果实；再仔细看，那不是果实，其实是爆裂的果壳，真正的果实（种子）早已飞走。好不容易在几片枯叶底下，找到了那颗飞走的种子；看着它躺在那儿安详舒适的样子，我忍不住要笑：小家伙，真会找地方！

我捡起这颗种子，捧着它，仿佛听到它在诉说——

你难道不喜欢我吗？我们紫薇的种子是很有趣的，你看，还带有翅膀呢！我们的果子成熟后，由绿转为暗褐色，并且会自动爆裂，让带着翅膀的种子飞散开来。这种自动爆裂和飞翔的功能，只是为了让更多的种子，能飞到更广阔的地方扎根安家。如果能飞落到枯叶中，或者合适的泥土里，那便是我们的福分。我们将被渐渐掩埋，来年就是一棵茁壮的树苗。所以说，请您手下留情，将我放回到枯叶底下，好吗？……

这是紫薇种子的诉说。而我却联想到了森林里的其他植物：杉树、松树、樟树、桑树、女贞、棕榈树、乌桕树……桃花、梨花、梅花、凤仙花……还有那路边树下、角角落落无处不在的小草。千千万万的种子总是被掩埋在地下的。表面上看，它们好像没有了出头露面的机会。但恰恰是这种埋没，让它们能从土壤里吸取营养，积聚足够的力量，等待来年更蓬勃地生长。

紫薇的种子已经飞走，留下果壳在阳光里臭美。

据说，一棵普通小草能结出将近十万粒种子；一粒种子一个生命，十万粒种子就是十万个生命呀……难怪小草的生命力那么旺盛！

我曾经在森林里做过一个试验——吃了枇杷，将一颗枇杷核埋在土里，然后压上砖块，留下记号。我想看看枇杷种子能否从砖块下拱出来。到了春天我去察看，留有记号的那个地方，果然长出了一棵茁壮的枇杷树苗，而那砖块，已经被顶在了一边。

砖块可以压在一块地上，却压不死地下的一颗种子。

如今，这棵枇杷树已经长到两人高；再过两年，肯定挂满黄澄澄的果子！

四

一月确实是寒冷的，整个森林好像没有了生命。

但我看见了杉树、榉树、梅树等树木的芽，悬在半空中，迎着寒风微笑（树木的芽儿，其实在秋天树叶脱落的那一刻，就已经存在了，只不过人们没注意到罢了）；蒲公英、触须菊、茅草，还有其他矮小的草儿，它们躲在枯叶和积雪下呼呼睡觉；去年的艾蒿、牵牛花、草藤和金梅花，虽然只剩下半腐烂的茎儿和叶子，却能在紧挨地面的地方找到它们……

还有许多与众不同的草，像鹅掌草、铃兰、柳穿鱼、麦冬等，它们附在根状茎上过冬；野大蒜、野葱、石蒜、菖蒲的芽儿，则依托在鳞茎上积聚能量、孕育宝宝；而水生植物可以将自己深埋在河底淤泥里睡个好觉……

总之，千千万万个生命，或在树枝上，或在树根部，或在地底下，悄悄萌发，伺机剪开冰封的大地……

最冷的季节，往往离春天最近。

落叶、种子和夕阳

落叶想做种子的棉被，
一片一片挤一起，
把大地铺满。

可它们已经枯萎，
要想暖和种子，
恐怕有点难。

天边的夕阳红艳艳，
映红了大地，
把落叶点燃。

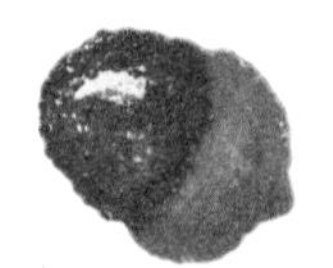

我突然高兴起来，
心里想，
种子们又有了温暖。

流浪的种子

植物的种子成熟后，会掉落在森林的土壤或枯叶中。这些地方潮湿、阴暗、温度变化小，正适合保存种子。再经过老鼠、蚯蚓等小动物的搅翻，种子就会被埋入更深的土壤中。这些保存在土壤或枯叶里的大量种子，我们可以称之为“土壤种子库”或者“土壤种子银行”。

哈哈，那么种子用什么办法，进入“土壤种子银行”呢？

空中飞翔——许多种子的果实成熟后，在风的帮助下，可以飞翔一段时间，或一小段距离。比如，青枫、大叶桃花心木、紫薇的种子有翅膀，会像竹蜻蜓一样旋转着飞行。我们把这类种子叫作 “空中飞翔兵”。

漂流高手——它们个个都是游泳好手。果实妈妈用自己坚硬的果皮保护着它们，带它们在水里漂流，寻找适合的地方落脚发芽。

美味诱惑——这些用色香味引诱人们和动物去食用的果实，就是水果。西瓜多么甜，葡萄多么香，芒果多漂亮……人们爱吃，鸟儿也爱吃。于是，它们的种子就传播四方。

爱搭便车的小不点——大花咸丰草和鬼针草的果实都带着刺。当你走进草丛，这些带刺的果实就黏附在你的裤子上。你摘下果实，生气地乱丢，哈哈，这正好中了它们的计，帮助它们传播种子。

爱弹跳的冒险小子——这些种子还有一个有趣的名字叫“勿碰我”，意思是说，千万别碰我，只要你轻轻一碰，它就会爆裂弹出种子。非洲凤仙花的种子可以弹飞得很远呢！

迎春贺岁炮仗花

春节快到了，公园的棚架、凉亭和有些人家的围墙、门厅、屋顶，会争先恐后地开出像烟火一样的橙红色花朵。由于它的花串从棚架、围墙、屋顶悬垂而下，就像一串串长长的鞭炮，所以又叫它鞭炮花。春节里开出像鞭炮一样的花，真的是增添了许多节日气氛呢！如果你有兴趣在院子里或者阳台上，种一棵这样的炮仗花，不是很有意思吗？

兔子的礼物

秋天来了，过了秋天就是冬天，淘气熊又要冬眠了。

想到平时跟兔子们在一起做游戏的美好时光，想到自己就要离开朝夕相处的兔子钻进树洞冬眠，淘气熊心里就酸酸的，有点难受。一百只兔子安慰他说："别难受，别难受，我们会陪伴在你身边的。我们还要送一件礼物给你，让你开心开心。"

但是送什么礼物呢？一百只兔子一时想不出送什么礼物好；他们又比较健忘贪玩，看到树洞前面有一块空地，就忘记了送礼物的事，自顾自玩了。

小白兔最喜欢吹蒲公英种子玩；吹着吹着，空地上空飘满了蒲公英种子。小白兔兴奋地说："快来看呀，这是我制造的蒲公英飞机！"

小灰兔笑着说："你有你的飞机，我有我的大炮，看你的飞机往哪里逃？"小灰兔说着，就用凤仙花的种子，瞄准了蒲公英飞机开起了大炮，"轰，轰，轰轰——"蒲公英飞机顿时被凤仙花大炮打得纷纷落地。

小红兔可不喜欢这么吵闹。他摘了许多鲜红的“一串红”，独个儿摆地摊“卖羊肉串”。“哎，卖羊肉串！鲜嫩的羊肉串呀，又香又好吃的羊肉串呀，谁来买呀？”小红兔正叫得起劲，一阵大风刮来，把他的“羊肉串”刮得四散飘落、满地都是。

小青兔喜欢吹吹打打。他发现长颈的葫芦会发出“咯咯”的声音，于是就摘了一只熟透的葫芦，一边摇一边吆喝：“听我的歌声多悦耳，看我的乐器多美妙！”不小心葫芦落到了地上，“咚”的一声，葫芦裂开了，葫芦籽撒了一地。他不甘心，又摘了许多葫芦，一边摇一边吆喝，结果空地上到处都是葫芦籽。

……

这时，有一只兔子出了个主意：“我们不能光顾自己玩。熊大哥是冬眠了，可是河马大哥没有冬眠呀。河马大哥平时待我们不错，我们应该请请他，请他大吃一顿怎样？”

这个主意，当然得到了兔子们的热烈响应。于是，兔子们买来了苹果、芒果、梨子、桃子、葡萄、枇杷、西瓜、哈密瓜……在空地上摆了满满十大桌。兔子们又摘来许多野花野草，把这块空地布置得花团锦簇，漂亮极了。然后，他们把河马大哥请来，举行了一个盛大的水果大聚餐。大家快快乐乐吃着水果，又唱又跳。很自然地，水果大聚餐以后，空地上又留下了无数的果核和野花野草的种子……

冬天很快就过去。春天来了，一百只兔子去探望冬眠的淘气熊。当他们来到淘气熊家门口的时候，发现这里已经长满了小树苗，开满了野花。

“咦，这里怎么变成了一个大花园？”

“那块空地怎么找不到了呢？”

“不对，这里明明就是去年的那块空地，怎么就变成了一个大花园呢？”

“这个大花园是谁造的呢？”

一百只兔子怎么也弄不明白。

这时，冬眠醒过来的淘气熊走出了树洞。他揉揉眼睛看了看，不禁惊叫了起来：“啊，多么美丽的大花园呀！”他以为这就是一百只兔子要送给他的礼物，连忙道谢：“谢谢，谢谢你们送给我这么好的礼物！”

“礼物？我们送过什么礼物给你呀？”

一百只兔子更加弄不懂了。小朋友，你弄懂了吗?

冰 琴

冰琴是我小时候玩过的一种天然乐器。

那时我十岁，上海郊区下了一场大雪，紧接着就是严重冰冻。大雪和冰冻制造了灾害，但也制造了美丽：雪花纷飞，世界一片白不说，更有大人小孩在雪地里堆雪人打雪仗；过河本来只能走桥，但河水冻住后，可以就近从冰面上过……

开始，我们一群孩子也堆雪人、打雪仗，但马上就觉得不过瘾了，于是就开始玩点雪灯，后来又想到用筛匾扣麻雀……有一次，几只被筛匾扣住的麻雀飞跑了，我去追，追到一间茅草屋后面的时候，猛然发现了一个震撼人心的奇观：只见不高的茅草屋几乎被雪掩埋，屋檐下齐刷刷地挂满了一根根晶莹剔透的冰凌，有的粗有的细，有的短有的长，最长的甚至从屋檐连接到地面……我好奇地捡起一根竹竿，在冰凌上划了一下，哈，那声音或尖细或粗犷，或洪亮或低沉，美妙至极！我不禁在心里欢呼起来：这不就是一架冰琴吗！我把这个发现告诉伙伴，伙伴们也来劲了，纷纷跑来玩冰琴。我们每人手举一根竹竿，争先恐后地敲击冰凌，尝试着敲出不同的音符；抑或几个人合作，你敲低音我敲高音，配合着敲击出一首歌。后来有人甚至拿来了二胡、笛子等乐器，组成了一个以冰琴为主的冰琴乐队。大家聚在冰琴前，敲敲打打，吹吹拉拉，弹弹唱唱，既热闹又别出心裁，惹得大人们惊羡不已：“这些小鬼，亏他们想得出！”

生活就是这样，许多绝妙的“想得出”，常常就来自于生活。想象是不能凭空、不能瞎想的，一切想象都是在生活基础上展开的。在大人们眼里，冰凌只是司空见惯的东西，不足为奇；而对于我们这些涉世未深的孩子来说，冰凌是新奇的，这种新奇足以引起我们的想象冲动，于是就“亏他们想得出”，想出了别出心裁的冰琴乐队！我敢断定，比起堆雪人打雪仗来，我们的冰琴创意不知要胜过多少倍！

这样的想象还在延续：

第二天，我们用纸折成各种形状的灯笼、瓶子，放在冰凌下，让融化的雪水沿着冰凌，滴进纸灯笼纸瓶子里。过了一夜，纸灯笼纸瓶子里的水就变成了各种形状的冰灯笼冰瓶子。

第三天，我们又用纸折成蝴蝶、青蛙、小猪、小狗等各种小动物，放在冰凌下，让融化的雪水沿着冰凌，滴进纸动物里。过了一夜，拆开折纸，就是一只只可爱的冰蝴蝶、冰青蛙、冰小猪和冰小狗。

第四天，我们又想出了新花头，在这些纸灯笼纸瓶子和纸动物里，滴进蓝墨水、红墨水和黑墨水，不用说，过了一夜，它们全变成了彩色灯笼、彩色瓶子和彩色动物……

这应该是最原始的冰雕创意吧。也许，如今规模宏大壮观的哈尔滨冰雕就源于此！

哲学家之路

路很平凡，又很伟大，成功之路往往始于足下。

海德堡就有一条这样的路：哲学家之路。据说许多赫赫有名的哲学家、诗人，都曾在这里走过：黑格尔走过；伽达默尔走过；存在主义哲学奠基人雅斯贝尔思走过；康德甚至每天下午都要到这里，一边散步一边思索人生。一些浪漫主义诗人更曾荟萃于此，比如歌德、席勒、荷尔德林、艾兴多尔夫，还有音乐家舒曼、小说家马克·吐温等。

人们发现了它的美，就在路边竖立起许多纪念碑，供游人品读。有块纪念碑很奇特，就是一只大手，上面写着：今天已经哲学了吗？荷尔德林的纪念碑上则刻着他的著名诗篇《海德堡颂歌》：“我已经深深地爱着你……”艾兴多尔夫的纪念碑上也刻着他的诗：“站在哲学的高度，你就会找到解读世界之‘符咒’！”……

这条穿越人类历史、见证人类思考和进步的小路，就在内卡河北岸；走过老桥，很快就可以到达。它曲曲弯弯，树木葱茏，鸟语花香，非常幽静。在幽静优雅的环境里，人的思想往往最自由最活跃，最纯粹的东西就会从心灵最深处不断涌现。这里最初只是种葡萄留下的小路，因为远离喧嚣、风景秀丽，喜欢在幽静优雅的环境里思考的哲人们就常常到此散步。渐渐地，小路也便成了“欧洲最美丽的散步场所”。

面对好景致，深入其中细细品味是一种享受，留在外面远远地欣赏何尝不是一种境界？到“哲学家之路”走走，踩着哲人的脚印，可以体会哲人散步的别样风范；但坐在内卡河边，抑或登上山崖古堡，跟“哲学家之路”长时间隔河相望，同样能使内心深处受到波动。

已是傍晚，夕阳把内卡河畔的秋色照得层层叠叠、辉煌灿烂，小路隐隐约约掩映在秋色里，是一种朦朦胧胧的调子。河边金黄的橡树更是透明了许多；倒映在水里，把河水也染成了金黄，微风一吹，有点梦幻……于是小路也朦胧梦幻起来，我仿佛看到一朵又一朵哲思之花在小路上盛开；仿佛听到不轻易夸人的歌德也在赞美这里“有点儿绝”，听到马克·吐温的评价是“极致的美”。荷尔德林是一个如同梵高一样另类的诗人，此刻，他诗意地在小路上漫步，而后果真写出了“人诗意地栖居在大地上”这样的伟大诗句……

看着，想着，我的心底又冒出了诗人韦苇老师的诗句：

路之所以值得赞美，
是因为它不站起来，
要做纪念碑。

“哲学家之路”孕育了多少深邃的思想，它不就是这样的纪念碑吗？

花被子晒太阳

白天，小姑娘把花被子
拿到庭院里晒太阳。
太阳盖在花被子身上，
太阳是被子的被子。
花被子，
暖洋洋。

夜晚，太阳跟着花被子
回到房间。
太阳要拜访小姑娘，
小姑娘心花怒放，
赶紧钻进花被子，
抱着太阳亲密交谈。
小姑娘，
暖洋洋。

捉迷藏

满山的野花，
想捉住空中的云朵。
调皮的云朵，
飘来又飘去，
就是不让野花捉住。

野花赌气了，
到了秋天，
忽然变成千万颗花籽，
统统躲到了地下。

云朵有点急，
就在暖暖的春天里，
变成千万个雨滴，
追到地下，寻找野花。

只听地下喊声一片：

捉住啦！捉住啦！
只见雨滴抱住花籽，
花籽在雨滴的拥抱里
嘻嘻哈哈发芽！

谁也说不清楚，
究竟是谁捉住了谁，
但有一点可以肯定——
花籽们嘻嘻哈哈逃出地下，
又变成了野花；
雨滴们急急忙忙追出地面，
又变成了云朵。
于是，他们又开始
把捉迷藏游戏重复……

二月

最难熬的一个月

早春二月，可以说是春天，也可以说是冬天。说春天，因为毕竟已经立春；说冬天，因为气温依然很低，依然保持着寒冬的特征。而这时，有些急性子植物已经蠢蠢欲动，准备发芽开花；对动物来说，整整一个冬天半饥不饱的生活，早已使它们消瘦得不成样子，如果再没有食物充饥，那么死亡将随时来临……更糟糕的是，这个月的天气非常不稳定，白天气温升高，夜晚却寒气来袭；几天的春阳，照得冰雪开始融化，突然间又连续几天大雪纷飞、严重冰冻……

早春二月，这是最难熬的一个月。

几天的春阳，照得冰雪开始融化，却依然很冷啊。

树洞里的野猫

果然下雪了。大雪是从八日下午开始下的，下了一个下午和一个夜晚，第二天早晨醒来一看，窗外森林全都白了。我想看看大雪后的森林，看看小动物们是怎样面对这场春雪的，当然也想看看雪后森林的美景。所以，我拿着照相机，走进了森林。

森林里很冷，风不大，但每当一阵风吹过来，我就会紧缩一下脖子，颤抖一下。那是一种刺骨的冷，冷得可以穿透心脏。冷风在森林里来来回回地吹，我发现，森林里所有的树枝也在颤抖……森林里很静，鸟儿们肯定都待在自己的窝里，躲避着这场突如其来的大雪，偶

小草顽强地从雪被里钻出脑袋。

尔有几只觅食的鸟儿飞过。路边的小草被埋在雪堆里，只露出星星点点的绿；大大小小的树被压弯了枝叶，尤其是枝条细长的红叶李，弯曲的身子，挡在小路上。美人蕉早已枯败得像个丑巫婆，经大雪覆盖，更加残缺不全……

突然听到一声轻微的猫叫声，循声看去，原来是一只大白猫躲在榉树的树洞里看我。那个树洞是我发现的，我曾经拍过好几张照片，没想到今天被它占领了。大白猫很白，几乎跟四周的白雪融为一体。若不是黑乎乎的树洞把它衬托出来，我几乎很难发现它。它消瘦得很厉害，肯定很久没吃饱肚子了吧？它占领树洞肯定是为了取暖，好让它饥饿的躯体熬过这突如其来的冰雪吧！它看见我走过，好像看到了救星，于是向我发出了呼唤。从它看着我的眼神，我知道，它一定是在向我求救！

我们对视了一会儿。我想起早餐还剩下一个馒头，于是飞速返回家里。

巧得很，此时电视里正在播放这样一条新闻：

连续两天突然降温，加拿大某城市的一个湖面上，已经融化的冰层重新结冰。大概是饿极了吧，一头母鹿和一头小鹿，竟然冒险跑到结冰的湖面上觅食。因为融化后再次结冰的冰面特别滑，所以小鹿滑倒后怎么也爬不起来。母鹿去扶小鹿，但它自己也滑倒了。小鹿去扶母鹿，母鹿去扶小鹿，母子俩双双在冰面上不停地滑倒。岸上的人们眼看着这对母子在冰面上无助地乱滑，心急如焚，但束手无策，因为他们知道，早春的冰层很薄，是承载不了一个人的重量的。正在这时，当局出动了一架直升飞机紧急救援。那个直升机驾驶员真是绝顶聪明，他知道直升机无法在薄薄的冰面上降落，他也无法下去帮忙，所以突发奇想，用直升机螺旋桨产生的强大风力，慢慢地将母鹿和小鹿“吹”到了湖岸边……

看着这个有趣的新闻，我心里涌出一股春天般的暖意。我赶紧拿着那个吃剩的馒头，重返森林。我跑到树洞前，把馒头递给大白猫，歉疚地说：“不好意思，今天家里没有鱼没有肉，只有这个馒头了，希望你不嫌弃……”

除了那只白猫，还有多少小动物把树洞当作家呢？

森林挂满白灯笼

这时，太阳已经高挂空中，森林里开始有了暖意。早春季节就是这样，只要没有风，太阳一照，气温很快就会上升。春天的雪更是留不住，刚刚还是满地洁白，转眼就已融化了许多。树枝们重新挺直腰杆，青草们重新泛出绿意，艳红的茶花，从雪花丛中钻出脑袋，重新露出笑脸……

突然，我感觉森林里亮堂了许多；抬头一看，哇，眼前的那棵树上竟然挂满了一闪一闪亮晶晶的白灯笼！我又朝四周看了看，哈哈，每一棵树上几乎都挂满了一闪一闪亮晶晶的白灯笼！我知道，这是树叶上的积雪融化，变成了水滴，太阳一照，就变成了一盏一盏白灯笼。树有大有小，有高有低，树与树之间，白灯笼们互相映衬折射，于是就形成了一闪一闪亮晶晶的奇观……

我兴奋不已地在森林里行走，就像行走在千万盏白灯笼下面，无比新奇。我想，如果返回家里，站在阳台上由上而下俯瞰这些白灯笼的话，肯定又是另外一种奇妙的感觉……

茶花的蓓蕾，在白雪中绽开笑脸。

做一个鸟房子怎样?

吃晚饭的时候，我对女儿说:“楼下森林里的鸟儿们饿了一个冬天，现在都很瘦呢！”

“是吗？……”女儿脸上露出怜悯的神色。

“英国有个‘鸟箱悬挂周’活动，据说已经悬挂了六百多万个鸟箱。”

“太好了，在森林里悬挂鸟箱，鸟儿们就有吃又有住了，还能顺利地产下鸟蛋呢！”

“我国内蒙古乌尔旗汉也悬挂了两千多个鸟箱，呵护了一万亩森林！听说伊春市也有三十万青少年参加了悬挂鸟箱的活动！”

女儿看看我，突然心领神会地笑了：“你转弯抹角的，是不是也想让我做个鸟箱，悬挂在楼下森林里呀？”

我也笑了，点着头说：“对一个曾经在上海纸条工艺比赛中获得一等奖的学生和一个动手做报的编辑来说，做个鸟箱应该是小菜一碟吧？”

“行，没问题！”

过了几天，女儿果然带来了两只精致漂亮的鸟箱。

亏她想得出，鸟箱竟是利用光明莫斯利安酸奶的大包装盒做成的，外面还贴了塑料纸，就像两间不怕风吹雨淋的尖顶鸟房子！

我们兴奋不已地带着鸟箱来到森林里，挑选了两棵大樟树，在树下举行了隆重的挂箱仪式，然后在里面放了一些谷物米粒……

女儿说：“相信鸟儿们会大胆地品尝鸟箱里的谷物米粒，并且会大胆地安居下来。”

我说：“早春二月是难熬的，但毕竟这个世界充满了爱！”

酸奶大包装盒做成的有趣的爱鸟箱，鸟儿们会很喜欢吧？

漂亮鸟窝

我看到树丛里有一个鸟窝。

我捡起来仔细看，那是一个多么漂亮的鸟窝呀——外壳用禾枝、蜗牛壳和闪闪发亮的什物搭成；内里则用柔软舒适、五彩缤纷的羽毛粘合。

鸟窝虽小，但小巧玲珑、色彩艳丽。

我问花匠："这是什么鸟的鸟窝？"

花匠也被鸟窝的做工和色彩惊呆了，他爱不释手地看了半天，说："我也不知道这是什么鸟的鸟窝。但有一点可以肯定，它是雄鸟送给雌鸟的礼物。"

我觉得很新鲜。但我相信花匠的话，因为我看到过一个材料，说澳大利亚有一种极乐鸟，雄鸟为了讨好雌鸟，娶雌鸟做新娘，往往会建造很漂亮的鸟窝送给雌鸟。

它们经常飞到好几公里以外的地方，寻找理想的树枝、草茎和彩色羽毛等建筑材料，并懂得咀嚼浆果，作为涂料"粉刷墙壁"。

有人见过最华丽的鸟窝，各种建筑材料达上百种呢！

更有趣的是，当雌鸟来到鸟窝时，雄鸟会喜滋滋地衔着一个可乐罐上的拉环，当作新房的钥匙交给新娘……

鸟儿也送礼，这确实是真的，因为它们也是有意识有情感的生命。

我不知道这只漂亮鸟窝的主人现在何处，也不知道它为什么会掉落到地上。我要做的是，把这只漂亮鸟窝重新挂到树上，让它重现价值。

春神来了，土拨鼠知道

每年二月二日，是北美洲的“土拨鼠节”。

这天，地洞里的土拨鼠探出头来，如果是晴天，看见了自己的影子，就表示春天再过六个星期才能到来；相反，如果是阴天，看不见自己的影子，则表示春天很快就到。这是美国和加拿大人用土拨鼠来预报气象的有趣传统。

这是有科学道理的：一般来说，北美洲的冬天如果是晴天，说明还笼罩在北方的干冷空气里，冬天还需要一段时日才会结束。相反的，如果是阴天，则表明大西洋暖湿的空气扩张到了北美洲，春天就要到来了。

然而有一年的“土拨鼠节”，却让人们伤透了脑筋：加拿大的两只土拨鼠出洞时是阴天，没看见自己的影子；而美国的一只土拨鼠出洞时是晴天，看见了自己的影子。哈哈，究竟听谁的呢？……其实，土拨鼠报春娱乐大家就好，准不准（据说，土拨鼠报春的准确率只有37%），有那么重要吗？

东北虎跟牛群回村

因为春雪开化，东北虎捕食动物的难度加大，一只饿极了的东北虎竟然跟着牛群回村了！

那天半夜，珲春市一个牧民正在睡觉，突然被屋外的牛叫和狗叫声惊醒。他披上衣服，头戴一盏矿灯，来到院里，发现院里的牛全都站了起来，冲着院外“哞哞”直叫。他以为是在呼唤院外的牛呢，再仔细一看，他家的母牛确实带着小牛回来了，但身后还跟着一只大老虎……幸亏牧民头上戴着矿灯，老虎搞不清情况，才未敢攻击。

后来牧民叫醒儿子、侄子和帮工，老虎才走掉，雪地上留下了清晰的老虎脚印……

冻住了，吃不到

一年冬天，新疆库尔勒市孔雀河里发生了一件趣事：因为天气太冷，一只天鹅的嘴巴被冻住了，怎么也张不开。游客们向河里投食物，野鸭子们纷纷游过来抢食物吃，而这只天鹅却只能眼睁睁地看着美味从嘴边溜走……

老人和鸟雀

雪很厚，鸟雀为吃不到草籽发愁。一个独居山里的老人扫出一块净地，把自己的口粮撒在地上；然后吹响柳笛召唤鸟雀来吃食……从此，鸟雀纷纷在这里搭窝造房，和老人亲如一家。闲暇时，老人吹柳笛和鸟雀对歌，鸟雀们放声歌唱，歌声嘹亮……十几年过去了，老人病倒了。他想再听听鸟雀唱歌，就爬出草屋，哆嗦着吹响柳笛，刚吹了一声就闭上了眼睛。被柳笛召唤来的鸟雀们，围拢在老人身边，悲伤地鸣叫着，然后纷纷叼来各种造巢材料，覆盖在老人身上，用枯枝、干草和羽毛，为老人搭建了一座坟墓……

一百层楼窗口的月亮

外面刮寒风、天空飘雪花的时候，红松鼠变得心事重重。她一会儿跑到窗口朝外看，一会儿在房间里毫无目的地踱来踱去。

她好像担心着什么。是的，她不能不担心——她的好朋友月亮，正在寒风雪花中受冻呢！

自从她家搬到一百层楼住以后，红松鼠就和月亮成为了好朋友。记得那天晚上，红松鼠走进自己的房间，赫然看到一轮明月挂在窗口！那月亮太近了，好像一伸手就能摸到；那月亮又大又圆，发出洁白温柔的光；那月亮温馨莹润，正笑眯眯地看着她呢！红松鼠忍不住走到窗前，跟月亮打招呼："月亮姐姐你好呀！你怎么离我家那么近呢？"

"因为你家住一百层楼呀！"月亮笑眯眯地说，"住得高，就离我近了。"

"那您以后会经常来陪伴我吗？"

"那是自然。只要天气晴朗，我每天都会出现在你的窗口。"

从此，每天晚上红松鼠做作业的时候，月亮就静静地看着她，红松鼠的写字桌被照成银白色，连台灯也不需要打开；红松鼠累了，或者感到寂寞的时候，就跟月亮聊天，讲故事，说笑话……这样的日子，真的是太快乐了！可是转眼冬天就来了，天气越来越冷，雪花包围着月亮姐姐，寒风是那么刺骨，月亮姐姐待在室外，高挂空中，会不会被冻坏呀？红松鼠心痛极了，盛情邀请月亮姐姐到自己房间里来取暖。可是月亮姐姐说不行，她不能离开岗位，否则全世界都会恐慌的。这倒也是，红松鼠不好意思地敲敲自己的脑袋。可是，可是室外实在是太冷了呀……

怎么办呢？红松鼠就为这事心事重重。

她从这个房间跑到那个房间，又从那个房间跑到这个房间，拼命地想着办法……当她从厨房跑到客厅的时候，看见爸爸妈妈、爷爷奶奶坐在沙发上看电视，他们身上都穿着一件漂亮的花瓣衣服。红松鼠顿时眼睛一亮，这不是她去年给爸爸妈妈、爷爷奶奶缝制的花瓣衣服吗？红松鼠早就学会了做花瓣衣服，每年春天，她会采集许许多多松针和许许多多五颜六色的花瓣，烘干后收藏。待到天冷了，她就开始用松针缝制一件件花瓣衣服。她不仅给爷爷奶奶、爸爸妈妈缝制过花瓣衣服，还给老师和同学们缝制过花瓣衣服……大家都夸红松鼠的手真巧，缝制的花瓣衣服又漂亮又暖和！

对呀，给月亮姐姐也缝制一件花瓣衣服，月亮姐姐就不会受冻了！

红松鼠兴奋得欢呼起来，她觉得自己能想出这么好的办法，真的是很聪明。

这时的月亮姐姐，像一道细细弯弯的眉毛，真是太美了，如果穿上红松鼠缝制的花瓣衣服，一定会更美的！红松鼠仔细打量了一下月亮姐姐的身材，就开始缝制花瓣衣服了。她缝呀，剪呀；剪呀，缝呀……

从早上忙到中午，吃了午饭再干，一直忙到晚上，终于缝制成了一件又漂亮又暖和的花瓣衣服。可是月亮一试，衣服小了点，因为月亮姐姐长胖了一点。

“不好意思，明天我再帮你重新做一件。”

红松鼠吃过早饭就开始忙，忙到中午，吃了午饭再干，一直忙到晚上，终于又缝制成了一件大一点的又漂亮又暖和的花瓣衣服。可是月亮一试，衣服又小了一点，因为月亮姐姐又长胖了一点。

“不好意思，明天我再帮你重新做一件。”

红松鼠吃过早饭就开始忙，忙到中午，吃了午饭再干，一直忙到晚上，终于又缝制成了一件大一点的又漂亮又暖和的花瓣衣服。可是月亮一试，衣服又小了一点，因为月亮姐姐又长胖了一点。

现在原因清楚了，如果红松鼠一直照月亮昨天的身材缝制衣服的话，那么她缝制的衣服都会小一点，因为月亮长得太快了，每天都会长胖一点；长到第十五天的时候，月亮已经胖得像个大圆球了！

红松鼠一屁股坐在地板上，急得哭了。她想不通自己为什么这么笨。以前，她帮爷爷奶奶缝制花瓣衣服，帮爸爸妈妈缝制花瓣衣服，帮老师同学缝制花瓣衣服，从来也没有碰到过这样的问题呀！可如今，唉，她已经精心缝制了十五件花瓣衣服，结果每一件都小了一点，害得月亮姐姐到现在还不能穿上她缝制的花瓣衣服……

第二天晚上，突然出现了一个奇迹——月亮姐姐竟然穿着红松鼠缝制的花瓣衣服，笑眯眯地、满面春风地来到红松鼠家的窗口！

“奇怪，那十五件花瓣衣服，不是都小了一点吗？为……为什么这件花瓣衣服穿在您身上那么合身？”红松鼠的眼睛睁得大大的，说话也有点结结巴巴。

“因为呀，我又要开始变瘦了。”月亮呵呵笑着说，“今天我穿一件最大的衣服，明天再穿一件小一点的衣服，后天再穿一件更小一点的衣服……十五天以后，我重新开始长胖，我再从最小的那件衣服穿起，一直穿到最大的那件衣服。哈哈，一个月里，我不是每天都有花瓣衣服穿了吗？”

“原来是这样呀！”红松鼠恍然大悟，兴奋得直拍自己的脑袋。

“所以说，你为我缝制的十五件花瓣衣服并没有白做，都用得着，每件都非常合身，而且非常漂亮非常暖和！”

红松鼠听了不禁得意起来，忍不住“扑哧”一声笑了：“嘿嘿，看来我还是蛮聪明的。”

这天晚上，红松鼠睡得很香很香。她知道，月亮姐姐再也不会受冻了。

一百层楼窗口的月亮，穿着红松鼠缝制的花瓣衣服，比以前更美了……

雪地里的童话

兔子小啦做了一夜的梦，梦见自己在花园里写童话，写好后，再配上美丽的插图。可是有点怪，她写了好多好多童话，正想好好阅读欣赏它们的时候，童话眨眼间又不见了……

兔子小啦急得从梦中醒来，天已经亮了。她开门一看：哇，花园里的树木呀草地呀，还有台阶呀栅栏呀，怎么全都一片白？原来昨夜一场大雪，把她写的童话全覆盖了。

兔子小啦走出门，去寻找她的童话。

兔子小啦在雪地里走呀走呀，突然盯着自己的脚印看了又看，最后兴奋地喊起来："这不就是我写的一个童话吗？"于是，她又踩了一个脚印，喊一声："这是我写的一个童话。"她接着又踩了一个脚印，又喊了一声："这是我写的一个童话。"她踩着喊着，每踩一个脚印，就要喊一声："这是我写的一个童话！"雪地里很快就留下了一长串脚印。

突然，飞过来一只小红鸟，红艳艳的，就像飞过来一团火。

小红鸟停在一棵树上，把周围雪白的世界映衬得特别耀眼。它痴痴地看着兔子小啦踩脚印，看了很久很久……

爸爸在楼上看到了，冲着兔子小啦喊："树上的小红鸟在看你呢，你知道它在看什么吗？”

兔子小啦抬头看了看小红鸟，调皮地说：“它在读我写的童话呢！”

爸爸笑了：“那你知道小红鸟为什么一直不肯离开？”

“因为我写的童话太精彩，它被迷住啦！”

兔子小啦笑了笑，又说——

“它大概还想当个画家，为我的童话配插图吧！”

爸爸放眼一看：雪地是一本雪白的书，一串串脚印是印在书上的一篇篇童话；津津有味读着童话的小红鸟，果然成了这本童话书里最温馨最甜美的一幅图画！

兔子小啦在雪地里找回了自己的童话，那是一个很浪漫很美丽的童话呀！

白蝴蝶

雪花像白蝴蝶，在庭院里飘。

白蝴蝶飞来飞去，逗黑猫笑。

黑猫扑出去，想抓住白蝴蝶，

可它扑来扑去就是抓不到；

即使抓到一只，

也立刻在手心里化掉。

黑猫气得哇哇叫，

指着白蝴蝶说：

“你们不会抓老鼠，

算什么好猫……”

门口的太阳

从小，我就对门口的太阳有着很深的依恋。

隆冬季节，坐在门槛上享受阳光的轻轻抚摩，阳光的暖意会使冻红冻僵的手脚变得舒展灵活。坐在门槛上读书，更是我最惬意的享受。尽管大人们说，在阳光下看书有损视力，但我觉得阳光似乎会把书里的故事照得更精彩，会把故事里的道理照得更明白。

穷苦人家的棉被总是又薄又硬还有点潮湿，那么搬到门口的阳光下晒晒如何？到了晚上，我惊喜地发现，被窝里有一股香喷喷暖融融的太阳的味道，大概是太阳偷偷地跟在我背后，同我一起钻进了被窝吧！

人生难免寂寞，尤其是苦难的童年，时常会生出些苦涩的无奈；而人，总是希望甜美，所以，每逢这个时候，我就靠在门框边，对着太阳吹竹笛，直吹得心灵簇拥着太阳跳舞；吹着吹着，小麻雀飞过来，在屋檐上排队，好像是陪我一同晒太阳，又像是心灵之歌的音符，唱出人生美好的歌，实在是意味无穷……

呵，门口的太阳，你是照射在人生舞台上的灯光，把我平淡的童年照出了浓浓的色彩和温馨的梦幻！太阳落山了，门口拉上了一道黑幕，还有阴冷的风到这儿来鼓动鬼气，使人好生害怕。

于是，我又整夜地企盼，盼明天别下雨，太阳可以再来……

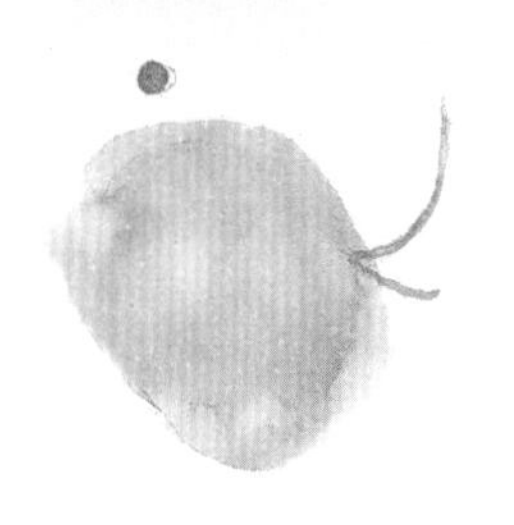

冬天的太阳（三首）

抢走了我的太阳

妈妈把被子拿到阳台上晒太阳，
奶奶把被子拿到阳台上晒太阳，
我也抱着花被子跑到阳台上，
可那里已经没有空余的地方。
我急得直喊：“妈妈，奶奶，
你们抢走了我的太阳！”

太阳睡在阳台上

被子睡在阳台上，
很温暖；
被子邀请太阳也来睡一下，

分享温暖。

太阳很高兴，

就从天上跑下来，

睡在被子上。

太阳说：真温暖。

被子说：真温暖。

阳台也说：真温暖。

太阳在被窝里等我

到了晚上，

我钻进被窝，发现

太阳已经在被窝里等我。

我抱着太阳睡觉，

被窝里暖暖的，

还有香香的味道；

不知道太阳抱着我睡觉，

是一种什么样的味道。

魔鬼岛探险（节选）

前 言

在茫茫大海里，有个神秘的魔鬼岛。

有人说魔鬼岛上荒无人烟，到处是毒蛇怪兽。

有人说魔鬼岛上住着吃人的妖魔鬼怪。

魔鬼岛究竟是个什么样的岛呢？恐怕谁也说不清楚，但有一点是肯定的，到魔鬼岛上去探险的人，几乎没有活着回来的。这就更增加了魔鬼岛的恐怖和神秘。

为了揭开这个谜，国际联合组织派出了一支由科学家和特种兵组成的最强大的考察队去魔鬼岛探险，考察队的总队长由考比将军担任。

考比将军是一名军队科学家，并且在特种部队里干过好多年，所以选派他担任考察队的总队长，再合适不过了。考比将军心里很清楚：这次考察非同寻常，弄不好就会“全军覆没”。所以，他为全队四百名特种兵和一百名科学家配备了近一个师的最先进的武器装备，浩浩荡荡地向魔鬼岛进发。

考察队在海上航行了十天十夜，终于到达目的地。可是在清点人数的时候，考比将军突然发现，他十二岁的儿子乔治带着研制了十年之久的机器狗也跟来了，身后还跟着几只豹子，它们是乔治的好朋友。这使考比将军大为恼火，他冲着乔治大发雷霆：“你怎么也来了，你以为我们是来搞夏令营的吗？”

“不，我是来参加探险队的。”乔治昂着头，调皮地说。

“探险队里可没有你的名字。”

乔治做了一下鬼脸，有点不好意思了，说话也有点结巴：“魔鬼岛太……太神秘了，我……我想趁放暑假的机会，考……考察一下魔鬼岛。”

“可你还是个孩子，而且这是一次有生命危险的考察！”

“可我是个男子汉！”

儿子振振有词，把考比将军一下子难住了。他想了想，拍拍乔治的肩膀说：“那好吧，男子汉。可你要自己照顾好自己，还要照顾好机器狗。”

乔治一听，乌拉一声欢呼起来，机器狗也摇着尾巴欢蹦乱跳。

我们的探险故事也就这么拉开了序幕。

树 魔

考察队刚登上魔鬼岛就碰到一种既不像植物又不像动物的怪物，那就是“吃人藤”。

考察队本来是想穿越这片阴森森的树林，到前面一个开阔的山坡上建立大本营的。没想到这片阴森森的树林竟是那样险象环生。考察队员们一走到树林的深处，就被突然冒出来的一根根“绳索”缠住了双脚，而且那些“绳索”越缠越紧，使人感到一阵阵的刺痛。

“这一定是吃人藤！”考比队长连忙向队员们发出警告，“它其实是一种智能植物，缠住人以后，会吸光人血，把人杀死。快使用激光匕首！对付杀人藤最有效的武器就是激光匕首。”

队员们惊恐万状，纷纷抽出了激光匕首，总算割断了缠在脚上的吃人藤。但那些断藤竟然像魔鬼般在地上直跳，并且蠕动着紧跟在队员们的身后，不肯离去。队员们吓坏了，不停地挥舞激光匕首。情急之中考比队长想到了燃烧弹：“快，快扔燃烧弹！”几个队员连忙扔出几颗燃烧弹。吃人藤怕见强光，面对火光冲天的燃烧弹，这才纷纷躲开了……

考察队终于在开阔的山坡上扎下了营盘。

天气异常闷热，经过了海上的长途航行，又同吃人藤经过了一番激烈的搏斗，队员们真想在帐篷里好好地睡个午觉。但是，帐篷外突然响起激烈的枪炮声和手榴弹的爆炸声。

“有情况，考察队遭到了军队的攻击！”随着尖利刺耳的警报声，队员们连忙拿起武器，冲出帐篷。怪了，帐篷外什么情况也没有发生呀，而激烈的枪声还在响；枪炮声是从前方另一片黄色树林里传出来的，此起彼伏，一阵比一阵响亮。

会不会有军队在那里打仗？不会呀，军队好像完全没有必要到魔鬼岛来打仗。

也许是隐藏在深山老林里的土匪强盗？也不可能，据国际联合组织的调查材料，魔鬼岛是无人居住区，哪里来的土匪强盗！

为了弄清情况，考比队长派出了一支小分队。小乔治也带着机器狗，悄悄地跟着小分队出发了。

不一会儿，小分队就靠近了那片黄色树林。而这时，树林里已经恢复了宁静，好像什么事也没发生过。让人目瞪口呆的是：干裂的泥地上，躺着几百只热带鸟的尸体，每只鸟的尖嘴几乎都被炸裂开来，沾着血。

会不会是雷电击毙了这群栖息在黄色树林里的居民呢？

乔治抬头看了看树上，看到橙黄色树上有许多像柚子一样的果实被炸烂了。乔治又看了看树下，只见树下果皮狼藉满地。

“肯定有恶人躲在树林里作恶。”乔治说。

大家都赞同乔治的判断。于是，小分队决定在树林里守夜，试图抓住这些神秘的作恶人。结果，这一夜树林里毫无动静。

第二天，天气仍旧闷热无比，成批的热带鸟一只只飞出巢，叽叽喳喳地在林间觅食、嬉戏，非常活跃。

忽然，一声声剧烈的爆炸声从头顶上传来；紧接着，四面八方都发出了清脆激烈的爆炸声，就像连发的机枪一样在头上开了花。随即，刚才还非常活跃的热带鸟像冰雹似的落在地上，发出“噗噗”的声响。

队员们抬头望去，树上既没有土匪强盗，也没有枪炮，却传来一阵又一阵恐怖的狞笑声。

“哒哒哒！”队员们慌慌张张地朝发出笑声的大树射出一梭梭子弹，但是只见树叶纷纷落地，却不见一个人影。

乔治大着胆子爬上了一棵大树，想看个究竟，然而尖利的狞笑声又从邻近的树上传来。

不好，这儿出现树魔了！应该立即向总部报告！

就在这时，奇迹发生了：只见乔治的机器狗，悄悄爬上一棵大树，试探性地去咬一颗黄里泛红的“柚子”。它刚咬了一口，还没品尝到“柚子”汁的香甜，“柚子”就突然爆炸了。幸亏机器狗的嘴是不锈钢制作的，否则后果不堪设想。猛烈的爆炸，震动了周围结满了铃铛似的果子的大树，树上发出了一种似笑非笑的颤动的声音，就像魔鬼的狞笑越传越远。

机器狗咬着一块炸裂的“柚子”爬下树，摇摆着尾巴向乔治报告它的发现。

队员们亲眼目睹了这个令人兴奋的景象，看得目瞪口呆。他们终于弄清楚了，原来是“柚子”树自己捣的鬼，那一颗颗黄里泛红的熟透的“柚子”果实，其实就是一颗颗危险的炸弹，一碰就会爆炸，并且发出巨大的声响。只可怜那些贪嘴的热带鸟，或被炸裂了尖嘴，或被“弹片”击中而丧命！

真是虚惊一场！

多亏了聪明的机器狗！

恐龙蛋之谜

考察小分队终于找到了这个湖。

这是个怪湖。湖四周是一片沼泽地和浓浓密密、深不可测的怪树林，湖水呈墨绿色，如同浓汁一般。

“那个恐龙蛋就是在这个怪湖边的沼泽地里捡到的，”小乔治看着阴森森的怪湖，说，“那天，我们遭到巨鼠围攻的时候，我的机器狗引开了鼠群，一直跑到了这片沼泽地。当我事后来到沼泽地找寻机器狗的时候，无意中发现了这颗恐龙蛋。我看那个怪蛋硬硬的，很大很大，足有十来斤重，心想，从来也没见过这么大的蛋呀，兴许是个恐龙蛋吧！我一高兴，就忍不住乌拉一声欢呼起来。真没想到，我这一大声欢呼，竟呼来了一场雨。真的，我一叫喊，湖上就天气骤变，雨瞬间就落了下来。我和机器狗急了，拼命喊叫起来，可是我们喊叫得越响雨就下得越大。我有点害怕，一害怕，捧在手里的恐龙蛋竟掉到一块石头上，碎了。我不敢久留，只得空手逃回大本营，唉，真可惜……”

听着小乔治这一番介绍，队员们觉得眼前这个怪湖又增加了几分神秘。他们在大本营里就对这个能捡到怪蛋的地方产生了兴趣，尽管谁也没看到小乔治说的那个恐龙蛋，尽管谁也说不准那个怪蛋究竟是什么蛋，尽管有些人对小乔治的恐龙蛋之说也深表怀疑，但大家都想亲自到这个神秘的地方去看一看。为了寻找这个出现恐龙蛋的地方，为了解开恐龙蛋之谜，考比总队长决定派出一支由四十名考察队员组成的小分队，去探寻恐龙蛋之谜。如今，四十个考察队员已经在森林里走了一天一夜。但面对这个怪湖的神秘，队员们依然兴奋不已。

“怎么样，我们也来体验一下这个会下雨的怪湖好吗？”队长莫里森说道。

“好的，我们一起来。一，二，三，”队员们亮开嗓门大声喊起来，“噢——怪湖呀，快下雨呀——”

说来也怪，怪湖上空果真突然乌云密布，瓢泼大雨哗哗地落了下来。莫里森一挥手：“停！”队员立即停止了呼喊。

说来也怪，怪湖上空立即风平雨停，一片晴朗。

“怪湖怪湖，真是个神秘的怪湖！”

队员们一片欢腾……

这时，天渐渐暗下来。莫里森队长嘱咐大家：“现在就地搭帐篷休息，明天早上再考察这个怪湖，争取揭开恐龙蛋之谜。”

大家在森林里走了一天一夜，早已累得精疲力竭，听队长这么一说，就像散了架似的，一个个东倒西歪地躺在湖边再也不想起来。

就在这时，危险降临了，只见怪湖里冒出一大片黑乎乎的鳄鱼，张着大嘴向队员们扑来。顿时，湖边一片惨叫声、呼救声……队员们拼命搏斗，莫里森命令：“开枪，快开枪！”枪声响了，十几条鳄鱼倒下了，但考察队员也遭受重创，全队四十名队员只剩下了二十多人。这二十多人在莫里森的带领下，急忙退到一个比较高的土埂上，然后用木棍皮带和其他随身物品搭起一米高的架子。大家站在架子顶上，用机枪向鳄鱼群扫射，用枪托驱赶爬上架子的鳄鱼。但是凶残的鳄鱼仍然不断地向木架子爬来。

情形非常危险，如果再没有更好的办法对付鳄鱼，剩下的二十多人恐怕没有一个能生还。情急之中小乔治想起了一本有关鳄鱼知识的书，书里讲过这样一句话："鳄鱼要吃你时千万别跑，最好的逃生办法是让它们相互打起来。"

"对呀，为什么不让它们自相残杀呢？"

莫里森听了小乔治的讲述，高兴得跳了起来。他想了想，顺手抓住一条鳄鱼尾巴，猛地塞进旁边一条张着血盆大口的鳄鱼嘴里。等这条鳄鱼一闭嘴，莫里森赶紧松手。

于是，这条鳄鱼把那条鳄鱼咬得哇哇叫。

于是，两条鳄鱼真的互相撕咬残杀起来。

它们各不相让，越斗越激烈，混战中还咬伤了旁边的一些鳄鱼。

这下，那群鳄鱼像发了疯似的打起来。它们相互撕咬着，吼叫着。可怕的吼叫声，又引来了怪湖上空的怪雨。一时间，天空中，下着瓢泼大雨；怪湖里，鳄鱼们乱咬一气。下雨声，吼叫声，厮打声，在早已变成了血红颜色的湖水里惊心动魄地翻滚，翻滚，翻滚……

这场大混战一直进行到天亮。

幸存的二十多名考察队员趁机死里逃生。

他们在逃离那个令人毛骨悚然、胆战心惊的怪湖的时候，意外地在沼泽地里发现了一窝寻觅已久的怪蛋。随队的动物学家富尔曼仔细观察了这窝怪蛋后，摇了摇头，叹了口气说："唉，哪里有什么恐龙蛋呀，这其实是一窝鳄鱼蛋！"

美丽死亡谷

“哇，这是一个多么美丽的山谷呀！”考察队员们一走进这片山谷，就忍不住欢呼起来。

这确实是一片非常美丽的山谷：三面是起伏多姿的崇山峻岭，只有一个出口。红彤彤的岩石上面爬满了青翠欲滴的常春藤，顶上覆盖着浓浓密密的大树。一条山涧穿谷而过，一直流到谷底。潺潺流动的溪水清澈见底，水面上弥漫着一层薄薄的雾。那泉水由于天空的映照，变成了蓝色；由于树叶的反射，变成了绿色。山涧两岸，在丛丛竹林的衬托下，密密麻麻各种颜色的玫瑰和野花显得格外艳丽。

考察队员们连续三天三夜在难见天日的深山老林里穿行，现在突然来到这样一个风景秀丽、环境幽雅的山谷，真有一种豁然开朗的感觉。大家迅速地扎下营盘，然后就开始在山谷里尽情游玩起来。小乔治拿出照相机，一边游玩一边拍照片，他的机器狗和母豹，则跑前跑后地簇拥着他。

就在这时，怪事发生了：远处一片河谷的上空，几只正在盘旋觅食的乌鸦，突然一只接一只地落地而死。紧接着，又来了一只狗熊和一只野狼。很显然，它们是来抢死乌鸦吃的。但是不多一会儿，狗熊和野狼也都倒在地上不动了。怪呀，乌鸦、狗熊和野狼都没有遭到任何袭击，考察队员们也没有开过枪，它们究竟是怎么死的呢？这真是一个谜……母豹和两只已经长大的豹崽，面对着天上掉下来的猎物，早已忍耐不住了，它们如狂风般呼啸着冲了过去。小乔治想阻拦它们已经来不及了。它们冲到刚死去的狗熊和野狼面前就贪婪地撕咬起来。可是没多久，母豹和它的两只豹崽遭到了同样的下场。

小乔治急得号啕大哭起来："豹子，豹子，快去救我的好朋友豹子呀！"

小乔治一面哭一面就要向那片河谷冲去，被眼疾手快的莫里森队长一把拉住："不能去！你去不是同样送死吗？"

美丽的山谷，就这么在一瞬间变成了恐怖的死亡谷。

小乔治哭得很伤心，他做梦也没有想到他的好朋友——母豹和两只豹崽竟是这样莫名其妙牺牲的。考察队员们也被眼前发生的怪事弄糊涂了，一时不知怎么办才好。

莫里森队长想了想说："现在情况不明，绝对不能靠近那个地方。我们唯一能做的是想办法把那些刚死的动物拖回来，送到大本营去解剖研究。问题是派谁去拖那些动物呢？"

"机器狗，派我的机器狗去吧。"小乔治胸有成竹地说。

小乔治向机器狗做了个手势，机灵的机器狗立即像一支脱弦的箭向那片河谷冲去。虽然死亡谷神秘、难测，机器狗依然安然无恙。它不仅把母豹和它的两只豹崽拖了回来，而且把狗熊、野狼和乌鸦也全都拖了回来……

考察队要暂时撤离这片山谷了，他们留下了三名队员驻守营地。莫里森队长再三叮嘱："你们千万不要靠近那片死亡谷。所有遇到的问题，等待我们回来再说。"

考察队回到总部大本营后，考比总队长马上召集最优秀的科学家解剖了这些动物。他们对动物的内脏、皮肤以及肠胃里的食物残渣进行了仔细的分析研究，结论终于出来了。动物学家富尔曼说：“这些动物的死亡不是因为传染病或寄生虫病，更不是遭到了什么袭击，而是因为窒息。”

“可是它们为什么会莫名其妙地窒息而亡呢？”莫里森问。

“肯定是有害气体夺走了它们的生命。”富尔曼说，“但具体的原因还要去实地考察。”

一星期后，考察队和科学家们又来到了这片美丽的死亡谷。

真是一波未平一波又起，留守在营地里的三名考察队员，两名已经得怪病而死去，另一名也已经躺在床上，奄奄一息。

“我们一直留守在营地里，绝对没……没有靠近那片河谷……”这名队员有气无力地说完这句话，也死了。

考察队里就像炸开了锅似的议论纷纷：

难道这山谷里有什么东西能使人中邪生病？

难道这山谷里有魔鬼专门勾人的魂儿？

难道这山谷里的露水有毒，能透过皮肤渗进血液，使人患怪病？

……

一时间，众说纷纭，不一而足。

“如果不弄个水落石出，决不收兵！”莫里森几乎是咬牙切齿地发誓。

考察队马上分头行动，仔细地调查研究分析。经过细致的探索，他们终于揭开了死亡谷使人丧生的原因。

原来，这山谷里有一种昆虫。它身体很小，甚至能钻进一般家用的蚊帐。它身上带菌，能使被叮的人染上怪病。因为它比蚊子还小，叮人时几乎没有痛的感觉，所以被叮的人不会在意，更不会想到它还能危及生命。这种昆虫怕光，白天躲在草丛石缝里决不出来，直到天黑才出来活动。所以白天在山谷里逗留的时间再长，也不会发生意外。那三个考察队员在山谷里住了一个星期，肯定是在夜里被昆虫咬了以后染上的怪病。考察队的科学家还发现，这种昆虫的"家乡观念"很严重，它们绝不会越雷池一步，飞到别的地方去咬人作恶。如果把它们捉到别处去喂养，它们就会丧失活动能力，甚至死亡。

至于那些动物的死亡原因，科学家们也得出了结论：因为这片山谷三面都是峻岭，只有一个出口，空气不很流通。而那片河谷的地下却会产生一种缺氧的有害气体，也就是这种有害气体，使到此觅食的动物们相继窒息死亡。

"唉，又有三名队员为科学献出了生命。"莫里森伤心地说。

"我的好朋友母豹和两只豹崽也为科学献出了生命。"小乔治抽泣着说。

"是的，"莫里森感慨地说，"希望我们的发现，能使这片美丽的山谷变得真正美丽！"

“见面封喉”

考察小分队接受了总部的命令，准备到魔鬼岛真正的原始森林里去考察。

队员们早有所闻，在魔鬼岛的原始森林里，不仅随时会遇到让人望而生畏的怪兽，还会遇到许多凶狠残忍的植物杀手。那些植物杀手不像动物怪兽中的杀手那样凶相毕露，它们往往不被人注意，甚至用美丽的假象把自己的真面目掩盖起来，所以手段也就更加毒辣。

比如，有一种日轮花。它的形状既像齿轮又像太阳，所以人们叫它日轮花。日轮花一般横卧在巨大的枯树旁，它的颜色耀眼夺目，一年到头盛开怒放，而且浓郁的香气可以飘得很远。它那娇艳无比的花朵盛开在一片片细长的、带有许多利刺的叶片上，就像一位雍容华贵的美人的脸，在阳光下微笑。

可是这位森林“美人”却有着一套非常厉害的“杀人”伎俩。它那所有的装扮，其实都是为了引诱它的猎物上钩。如果有猎物靠近它，它的花朵会开得更加妩媚，花香会散发得格外浓郁。被迷醉的猎物忍不住要扑上去亲亲娇艳的花朵，但它的前脚刚踏上去，就会突然被一根根蜘蛛网绊住，怎么也甩不开，然后整个身子倒下去。顷刻间，那些带着利刺的叶片会翻卷过来，将猎物紧紧地夹住！

原来，蜘蛛是那位“美人”豢养的一群帮凶和刽子手。“美人”从不亲手“杀人”，当猎物被紧紧夹住后，从花盘底下会爬出几十只像鸡蛋那么大的棕红色蜘蛛。恶蜘蛛们像一群饿狼似的扑上去，把嘴里的刺针刺入猎物的身子，贪婪地吸血，一眨眼工夫，猎物便成了一具“干尸”。当然，“美人”是绝不会白白喂养这群刽子手的，而蜘蛛们也懂得“投桃报李”，吃饱喝足的蜘蛛们慢吞吞爬回花盘底下后，就从口里分泌出许许多多粘液，通过刺针往“美人”身上注射营养剂……它们就是这样互相依赖，共同生存。在每一次残忍的杀戮后，日轮花越开越艳丽，蜘蛛们也越长越肥壮。

还有一种怪树叫奠柏。它长得足有一层楼房那么高，但青翠欲滴的枝条和叶子却很鲜嫩。它那细长茂密的枝条，就像少女柔软的披发，优美地下垂着，显得婀娜多姿、温文尔雅。面对如此青翠柔嫩的枝叶，森林里的食草动物往往连想都没想，便张开嘴巴去咬。于是，悲剧发生了：动物刚咬第一口，那些柔软的枝条立刻变得像铁丝一般硬，并且如章鱼的触角一样伸过来，把贪嘴的动物紧紧地捆扎住，而且越捆越紧。与此同时，这些枝条开始分泌出一种非常黏稠的胶液，胶液越来越多，不一会儿就把动物浸透了。胶液是有毒的，并且具有极大的腐蚀性，动物很快就会被胶液溶化掉。怪树就是靠这种本领来猎取食物求得生存的。它把溶化在胶液中的动物一点一点地消化吸收，尽情享用。然后，它将那些柔软鲜嫩的枝条重新垂下来，等待新的猎物。

像这样美丽的“杀手”，在魔鬼岛的原始森林里还有许多，有些稀奇古怪的植物几乎叫不出名字，但人们稍不注意，就会遭到它们的残忍袭击，死于非命。

为了顺利完成考察任务，全体考察小分队队员认真接受了植物学家泰勒的专门训练，初步了解了世界上几种最厉害的植物“杀手”的概况。

考察队进入原始森林后，莫里森队长又叮嘱大家要尽量集体行动，万一发生了情况还可以相互解救。对此，小乔治有点不以为意，一来他对植物的杀伤能力有点怀疑，他总觉得生长在泥土里的植物能有如此大的杀伤力简直是不可思议。二来小乔治对森林情有独钟，他很想尽量多拍点照片，而森林里的那些怪树其实就是最好的拍摄对象。所以，小乔治常常掉队，队员们都已经朝前走了，他却仍旧围着一棵形状怪异的怪树对焦距，沉浸在对植物界奇异现象的浓浓兴趣中，害得队员们常常要回头来找他。

考察队在原始森林里慢慢地走着。

原始森林阴暗而寂静，各种各样叫不出名字的树木密密麻麻，层层叠叠，使得太阳很难照进来。森林里的树木长得没有一点秩序，有的是又高又直的一大片，有的却是虚枝丛生、东歪西斜。一年一度凋落的树叶在地面上积得厚厚的，永远散发出一股难闻的霉味。森林深处，时不时地会传来几声野兽的吼叫，叫得人心里发慌。

小乔治跟在考察队后面，一面走一面拍摄自己喜欢的镜头。

突然，他被不远处一棵高高的自己从未见过的奇树吸引住了。那树的形状很少见，许多树枝就像一把把锋利的剑，显得很威武。尤其是那满树的树叶，黄里透红，色彩非常漂亮。乔治悄悄走过去，对着那棵树拍了又拍。他相信，这组照片冲洗出来肯定精彩。

乔治得意扬扬地收起照相机，刚想去追赶队伍，突然闻到了一股异样的腥臭味。他回头一看，妈呀，一只大狗熊正喘着粗气，朝他走来。他顿时觉得脑门发热，头皮发麻，浑身直哆嗦。开溜？显然已经来不及。呼喊？那只能加速自己的死亡。唯一的退路是上树，情急之中，乔治想到的就是上树。幸亏他在学校上体育课时，爬竿的成绩一直是优秀，所以他"噌噌噌"没几下就爬到了树上。大狗熊见眼看就要到手的美餐突然飞到了树上，气得仰头直吼。大狗熊当然不会轻易离去，它绕着大树走了几圈，就试着朝树上爬。可惜，大狗熊太笨重，爬了没几下就嘭地摔到了地上；再爬，又摔了个四脚朝天。大狗熊气坏了，又是用利爪拍打树干，又是用牙齿拼命咬树干，即使嘴里咬出了血也不顾。它一心一意地要把大树弄断，好抓住小乔治，美美地饱餐一顿。

然而，奇迹就在这时发生了，刚才还气势汹汹不可一世的大狗熊，突然扑倒在地上一动也不动了。乔治静静地观察了一会儿，大狗熊还是一动不动地躺在地上，像死了一般。奇怪，大狗熊在耍什么鬼把戏？乔治掏出一把小军刀，朝大狗熊砸去，大狗熊竟一点反应也没有。乔治还是不敢下树，他知道狗熊也会装死，说不定自己刚下树，它就会张开大嘴，把自己撕咬得粉碎呢。

乔治就这么密切注视着地上的大狗熊，静观其变。

就在这时，乔治的机器狗带着几名考察队员找到了这里，队里的植物学家泰勒也跟来了。泰勒看了看树上的乔治，又看了看那棵怪树，不禁大惊失色，大声喊叫起来："乔治，你可千万要小心！你爬的那棵树是一棵有巨毒的毒树！"

泰勒朝树下的大狗熊开了两枪，证实狗熊确实早已死去，就和队员们大胆地跑过去，把乔治从树上接了下来。

"泰勒教授，难道那大狗熊真的是被这棵毒树毒死的？"小乔治一下树就想弄清大狗熊的死因。

泰勒见乔治身上没有丝毫伤口，这才松了口气，说："小乔治，你的命可真大呀！你没死，倒死了大狗熊。你知道吗？这棵色彩艳丽的怪树就是让人胆战心惊的‘见血封喉’！‘见血封喉’顾名思义就是它的毒一碰到血就能让人死去。不瞒你说，谁的伤口如果碰到了‘见血封喉’，毒汁进入血液不出一分钟就能致人死命。幸亏你在爬树时皮肤没有受伤，这才保住了性命。那大狗熊肯定是因为牙齿咬树出了血，所以才一命呜呼的。”

小乔治斜眼看了看那棵让人胆战心惊的植物杀手“见血封喉”，想到自己刚才却还毫不知情地坐在上面，不禁倒抽一口凉气，脸都白了。他努力使自己镇静下来，然后又看了看那只一命呜呼的大狗熊：大狗熊七窍流血，口吐白沫，果然是中毒而亡。

经历了这次险情后，考察小分队的所有队员谁也不敢藐视隐藏在原始森林里的植物杀手。尤其是乔治，再也不敢独个儿拖在队伍后面了……

险遇湖怪

只听说有湖怪，没想到这次真的遇见了湖怪。

那天，考察队来到一个湖边。这湖很大，足有方圆四十多公里，深不见底；平静的湖水就像一面镜子，平躺在群山环抱之中。考察队在魔鬼岛见过许多湖泊，有水妖湖，有火湖，有魔湖，还有能呼风唤雨的湖……几乎每一个湖都是阴森森的，被高大、浓密的树笼罩着。但是这个湖却显得既开阔又平静，甚至有点迷人。按理，有丰富考察经验的考察队员们应该知道，这迷人的平静背后往往隐藏着某种险恶。但队员们似乎根本就没有想到这一层，他们长期行走在遮天蔽日的密林里，现在突然从天上掉下来一个如此开阔迷人的湖面，难免会忘乎所以，昏了头。

“啊，太舒服啦！真是豁然开朗！快，快把水陆汽车开到湖里去兜兜风！”队员们大声喊叫着吩咐司机罗列夫。

罗列夫比大家更想到湖面去凉爽一下，他开足马力一冲，水陆汽车马上就冲到湖面兜起风来。微风习习，平静如镜的湖面荡漾着考察队员们的欢声笑语。罗列夫驾驶着水陆汽车在湖面兜了个“8”字，然后就一直朝湖心开去。就在这时，平静如镜的湖面突然波涛翻滚、浪花四起。水陆汽车激烈地摇晃起来。

“罗列夫，怎么回事？”莫里森队长大声寻问。

罗列夫急得满头大汗，还是没用。风浪越来越大，汽车摇晃得更厉害了。

小乔治突然感觉背后有什么东西盯着自己，回头一看，我的妈呀！一只巨大的怪兽，正跟在水陆汽车后面，昂首戏水呢！那怪兽的样子非常可怕，晃动着的脖子竟有三米多长，三角形的小脑袋上长着一个凸角，脊背像两座紧挨着的小土丘，四只巨大有力的鳍脚向前划动着，每划一下就掀起一股巨浪……

“怪兽！有怪兽！”小乔治吓得连声惊叫。考察队员们闻声一回头，也都吓呆了。有个队员控制不住自己，慌乱中竟射出了一梭机枪子弹。枪声惊吓了怪兽，怪兽“扑通”一声潜入湖底，涌起的巨浪把水陆汽车掀了个底朝天。幸亏队员们熟悉水性，渐渐游到了岸上，但水陆汽车却沉入了湖底。

“看来，我们确实遇见了湖怪。”莫里森队长惊魂未定，但他马上意识到，遇见湖怪对于考察队来说意味着什么，所以又显得非常兴奋，“如果我们真能掌握湖怪的第一手资料，这些资料将是无价的。”

队员们也都兴奋起来，动物学家富尔曼要求潜入湖底打捞水陆汽车，顺便还可以观察一下湖底的动静。

莫里森想了想说：“好吧，不过你可千万要小心。”

“没问题，如果发现异常，我会牵动绳索求救。那时，你们可要赶快把我拖上来呀！”

“那是当然。一切照办。”莫里森笑着，但他还是有点不放心，“让小乔治的机器狗跟你去吧，也许它能帮帮你。”

“行！有机器狗在身边，我就更放心了！”富尔曼说着，就穿上潜水衣，带着机器狗，跳入湖中。

也许是因为过于紧张，富尔曼一跳入湖中，就觉得湖水冷得有点刺骨。他强忍着寒冷，一边通过潜水镜观察湖底的奇异景象，一边寻找水陆汽车。在昏暗的湖水中，他终于看见了水陆汽车，但他也同时看见了那只巨型怪兽正蹲在水陆汽车上，摇着尾巴，伸长脖子，朝富尔曼瞪着微带绿光的眼睛呢！怪兽已经离他很近，似乎在垂涎欲滴地等待着送上门来的美餐。富尔曼哇地一声惊叫起来，拼命晃动绳索求救。湖面船上的队员们连忙七手八脚地把富尔曼拉了上来。可怜的富尔曼这时已面无人色，浑身发抖，一句话也说不出来。过了好久，富尔曼的神志才渐渐清醒，他说："幸亏机器狗冲了上去，才使我来得及逃离湖底。那湖怪蹲在那里就像一只巨大的青蛙，但我的第一反应却是蛇颈龙。我以前研究过蛇颈龙的化石，它是恐龙的一种……"

"恐龙！"队员们一听恐龙，禁不住叫出声来。

也许是太兴奋太激动的缘故，莫里森队长的双手抖得厉害。他当机立断："考察队在湖边扎营，一定要弄个水落石出！"

搭起帐篷，架起摄像机、望远镜，甚至连最先进的现代化探测仪器也用上了。然后，队员们开始耐心地等待。他们整整等待了五天，梦寐以求的时刻终于来临了。

那天，湖中先是传来哗啦哗啦的水声，紧接着湖面翻起了浪花。队员们一阵激动，连忙打开探测仪器。但是仔细一看，从湖里冒出来的庞然大物却是大鳄鱼。队员们刚有点泄气，突然看到大鳄鱼拼命逃窜起来，一股巨浪在它身后紧追不舍。不一会儿，从那股巨浪下面露出了一只巨大的长脖子怪兽。啊，蛇颈龙！原来是蛇颈龙在追捕大鳄鱼！队员们眼看着凶残的大鳄鱼被更加凶残的蛇颈龙顷刻间就撕了个粉碎，兴奋得连照相机、摄像机也拿不稳了。但他们最终还是拍下了这个惊心动魄的“鱼龙搏斗”的全过程……这时，蛇颈龙一边伸长脖子，瞪着它那小而有神的眼睛注视远方，一边津津有味地享受着战利品。突然，蛇颈龙的眼睛里露出惊慌的神色。队员们还没搞清是怎么回事，它已扑通一声潜入湖底，逃得无影无踪。在它原来占据的地方，又出现了一只长十来米、长着锐利牙齿的怪兽。

“鱼龙！那是海洋霸王鱼龙！”

富尔曼兴奋得喊叫起来。原来，凶残的蛇颈龙在海洋里是二霸王，真正的霸主却是鱼龙。所以，蛇颈龙一看到鱼龙就逃之夭夭……

毫无疑问，鱼龙的出现是大家未曾料到的，这个意外的收获简直使考察队员们喜出望外。可以这样说，这次险遇湖怪是他们登上魔鬼岛以来最成功的一次考察。当然，有些问题至今还是个谜，比如：蛇颈龙、鱼龙都是生活在海洋里的，它们是怎样进入湖泊的呢？它们究竟算不算恐龙家族呢？……

这些谜，等待着考察队去进一步揭开。

熊的故事

像这样奇异的岩洞，恐怕连考察队里的地质学家莫拉也没见过。

那岩洞确实奇异，洞里似乎弥漫着一股雾气，洞四周则始终笼罩着一层层的光环。更奇怪的是，那光环的色彩还会随着时间和气候的变化而变化：在阳光照射下，岩洞四周显现出鲜明的粉红色；一块云彩飘过来，岩洞四周马上变成棕色、黄色或紫色；据说，到了傍晚和晚上，又将是另一种颜色……

队员们简直看呆了。对考察队员来说，新奇的东西是必定会吸引他们去探索的，所以他们顾不及仔细考虑，就一拥而上，钻进了那个奇异的岩洞。

“吼吼——”队员们做梦也没想到，迎接他们的竟是这么一声如雷的吼叫，紧接着就有一团黑乎乎的东西从洞里冲出来。幸亏他们躲闪得快，否则早就被冲到了悬崖下面。

啊——原来是只大黑熊！

那大黑熊站立起来，足有三米多高。大黑熊尽管力大无穷，但也知道寡不敌众。所以，大黑熊冲出人群后就没命地朝密林里跑。队员们见大黑熊跑远了，也就不再追赶，开始考察这个奇异的岩洞。没想到那只大黑熊突然又跑了回来，朝着考察队员们吼叫。有个队员朝它开了一枪，它又回转身，撒腿朝密林里跑。跑了一会儿，大黑熊又跑回来朝队员们吼叫……这样反反复复地跑掉，回来；回来，又跑掉，队员们简直是“丈二和尚——摸不着头脑”，不知道黑熊要干什么。动物学家富尔曼却笑着说：“我知道大黑熊要干什么。我可以打赌，岩洞里肯定还有一只熊崽。刚才跑出洞的肯定是只熊妈妈，熊妈妈这样做，无非是想把我们的注意力引向它自己，调虎离山，保护熊崽。不信，你们可以到洞里去搜索。”队员们猛然醒悟，连忙组织几个人冲进洞里，果然在洞底搜到了一只趴着不动的熊崽。

捉到了一只熊崽，队员们的探险生活似乎增加了许多乐趣。

这天晚上，考察队在一片谷地里安营扎寨。大家在熊崽的一只脚上绑了一根绳子，把绳子的另一头绑在树上，然后开始逗着熊崽玩。熊崽呢，一直处在惊吓之中，浑身索索发抖。每当队员们接近，它就“呜呜”叫着退缩；退了没几步，又被绑着的绳子拉了回来。有时，熊崽无路可走了，就围着树干转，结果被绳子绕了一圈又一圈，自己把自己给捆住了。队员们看了哈哈直笑，但黝黑的夜幕里却传来了几声低沉的熊吼声，那愤怒的吼叫声分明是一种抗议。队员们唰地静了下来。他们的心里有点不安，他们知道熊妈妈一定就在附近，熊妈妈看到自己的孩子被戏弄，一定发怒了！

开饭了，队员们不声不响地吃着饭。那熊崽闻到了饭菜的香味，跑过来“呜呜”地叫着。小乔治把自己的饭菜端给了它。也许是饿极了，熊崽“呼啦呼啦”两口就把小乔治的饭菜全给吃了。乔治又拿来两瓶蜂蜜和两瓶牛奶，熊崽乐坏了，吃得津津有味……

熊崽和乔治马上成了好朋友，夜幕里愤怒的熊吼声也渐渐消失。

这天晚上，熊崽是依偎着乔治睡觉的……

第二天，莫里森队长让乔治和机器狗看守营寨，自己带着考察队员再次进洞考察。

闲着无事，乔治就跟机器狗和熊崽玩了起来，还教熊崽跳迪斯科舞……

中午做饭时，乔治发现水袋里没水了，他就让机器狗陪着熊崽，自己去打水。

在一座悬崖上，乔治发现了水源。他喝够了水，又痛痛快快地洗了把脸，然后准备装满水袋回去，然而，灾难就在这时降临了。他一转身，猛地看到一只大黑熊（也就是那只熊妈妈）就站立在他背后，那么近，黑熊嘴里“呼哧呼哧”的热气已经喷到了他的脸上。乔治吓得魂都飞了，两腿一软瘫倒在地上。大黑熊吼叫着扬起了大巴掌。退？是无路可退的，乔治的身后是万丈深渊；跟大黑熊搏斗？显然是拿鸡蛋去碰石头。乔治真后悔没把机器狗带来，现在只有死路一条了。乔治很清楚，大黑熊的那只大巴掌只要轻轻打下来，他的脑袋就没了。他绝望地闭上了眼睛，等待着大黑熊的致命一击。奇怪的事又发生了，那只大黑熊高举着大巴掌，只是低声地吼叫，却迟迟不打下来。它似乎在犹豫着什么，在思索着什么，又想起了什么……哦，它一定想起了昨晚乔治把饭菜让给熊崽吃的情景，它一定想起了昨晚乔治喂熊崽喝蜂蜜牛奶的情景，它一定也想起了乔治陪熊崽睡觉的情景。对，眼前这个乔治就是它的熊宝宝的好朋友呀！

大黑熊终于仰面长吼一声，然后慢慢地回转身，走了。

奇迹，真是一个奇迹！大黑熊竟然放弃了已经到手的美餐，给乔治让开了一条回家的路。乔治惊魂未定，背起水袋，战战兢兢地向营地走去。大黑熊走进森林，回头默默地看着乔治走进营地，既不前进也不离开。几乎是在同时，考察队员们也回到了营地。乔治把刚才的遭遇告诉了大家，大家就像是在听天方夜谭似的愣了很久也不敢相信这是事实……

“我想，应该让熊崽回到它的妈妈那里去。”乔治低着头说。

“对，放了熊崽！”莫里森队长说，“动物都懂得报恩，难道我们人还不能讲点情义吗？”

乔治解开了绑着熊崽的绳子，把熊崽抱到营地门口，拍拍熊崽的头，说：“好朋友，快跑吧！你看，你妈妈在那里等你呢，快去吧！”说完这句话，乔治已经泪流满面。

熊崽跑了几步，又回来了，一个劲地舔着乔治的手，不肯离去。

这时，不远处的森林里传来了大黑熊的叫声。熊崽朝乔治看看，又朝熊妈妈的方向看看，终于恋恋不舍地告别了乔治……

午日很亮，强光照射下的奇异岩洞变成了鲜明的朱红色，显得格外艳丽！

鬼魂大战

考察队走出那片森林后，来到了一个大峡谷。

这大峡谷呈圆锥形，两头狭窄，中间非常开阔，差不多可以容纳数十万军队。峡谷两边是险恶的崇山峻岭，红彤彤的岩石上爬满了苍翠的常春藤和野草，顶上覆盖着一丛丛浓密的树。奇怪的是，中间那块开阔地却是怪石嶙峋，满目荒凉，就像来到了火星上。

“没想到这里还有这么一个开阔地。如果有一支军队守在峡谷两头的峻岭上，恐怕几十万大军也难以攻进来，真是一个兵家必争之地！”

莫里森是个军人，所以他马上把眼前这个险要之地跟打仗联系了起来。

没想到的是，莫里森的话音刚落，从峡谷东头真的传出了军队开过来的怪怪的声音。那声音闷闷的，是走步发出的声音，“嚓嚓，嚓嚓”，听上去足有上万人马。

莫里森发现情况，连忙命令考察队隐蔽。

大家警惕地注视着峡谷东头，只听那声响由远而近，越来越清晰；环顾四周，却什么异常情况也没看见。队员们正在疑惑，突然峡谷的西头也传出了军队开过来的声音，好像是去迎战从东头开过来的那支军队。“嚓嚓，嚓嚓”，两支军队的声音朝着同一个方向行进着。莫里森用望远镜观察，可他只听到声音，就是看不到人影。不知谁碰到了一块石头，石头骨碌碌朝峡谷开阔地滚去，只见发出声音的那两个地方，升腾起两股黄色的浓烟；渐渐地，浓烟消失了，那两支军队行进的声音也随之消失……

“怪呀，是不是碰到鬼了？”

“别瞎说。会不会是错觉？”

“绝对不是错觉，我们大家不是都听到了吗？”

“可是魔鬼岛上怎么会有军队呢？再说这儿如此荒凉，恐怕连生命也不会存在……”

队员们议论纷纷，但谁也不能肯定是怎么回事。莫里森队长说：“考察队就地扎营，我们一定要弄清楚究竟是怎么回事！”

半夜里，别人都睡着了，唯有莫里森没睡着；小乔治出于好奇，也没睡着，他真希望那个声音再出现，好弄个明白。大约午夜三点钟的时候，帐篷外突然人声鼎沸，那分明是千军万马激烈交战的声音，在士兵喊叫的声音里还夹杂着马蹄声和刀剑碰撞声……小乔治连忙撩起帐篷朝外看，外面黑乎乎的什么也看不见。这时队员们也都醒了，莫里森轻声命令：“快到外面看看，千万不要暴露目标！”但是，当队员们跑到外面的时候，外面千军万马交战的声音立刻就消失了，好像根本就没有出现过似的。

“见鬼！难道刚才是鬼魂部队在交战？”

“现在，我们不能再睡觉了。”莫里森想了想说，“我们必须潜伏在密林里！我们一定得抓住点什么！”

“对，一定得抓住点什么。”队员们的眼睛里充满了好奇，他们分头在密林里潜伏了起来，等候着“鬼魂部队”再次光临。他们担心会与“鬼魂部队”发生冲突，所以每个人都带足了枪支弹药。小乔治则让机器狗不离自己左右。

等呀等呀，一直等到天亮，但是什么情况也没发生。队员们不敢吃早饭，饿着肚子注视着周围的一切。这时，太阳已经升得很高了，天气很好，暖暖的阳光照得队员们真想从密林里跑出来活动活动身子。但他们不敢，生怕惊动了什么，前功尽弃。

大约到了上午九点多钟的时候，奇迹终于发生了：

先是从大峡谷的东头和西头的上空传来两声“轰轰”的巨响。紧接着，那边的天空中各有一团黄色的烟雾缓缓降落下来。当雾团着陆，慢慢散开以后，峡谷两头就赫然冒出了两支声势浩大的军队。两支军队在将军的率领下，凶神恶煞、同仇敌忾地朝着同一个方向前进，“嚓嚓嚓嚓”的脚步声和昨天队员们听到的完全一样。

眼前出现的这个情景使队员们惊得目瞪口呆！难道这千军万马是从天上飞来的？这时，两支军队越走越近，潜伏在密林里的考察队员们紧张得大气也不敢出。

两支军队相距只有百米了，突然，骑在马上的将军拔剑一挥，两支军队立即短兵相接，嗷嗷叫着大战起来。喊叫声，马蹄声，还有刀剑的碰撞声，跟昨晚听到的声音完全一样。

“小乔治，让机器狗冲上去！”

莫里森轻声命令。他本想率领考察队员一拥而上，好抓住几个非人非鬼的士兵，弄个水落石出。但面对着如此庞大的军队，他不敢贸然行动，就派机器狗投石问路。

机器狗得到指令，“嗖”的一声，朝“鬼魂部队”冲去。令人奇怪的是，机器狗刚冲过去，一团黄色的烟雾又升腾起来。烟雾渐渐掩盖了这两支庞大的军队，慢慢升上天去，一会儿就消失得无影无踪……

“快冲上去！”莫里森急坏了，端起机枪冲了过去，但他们什么也没抓到：刚才还烟雾弥漫、血雨腥风，此刻却异常平静。大峡谷依然满目荒凉；两边红彤彤的岩石依然覆盖着苍翠，只有机器狗在那里东闻闻西嗅嗅地寻找着什么……

怪事，这简直不可思议！这回可是千真万确呀，队员们不仅听到了声音，而且看到了活生生的几万人的军队。难道真的是从天上飞来的“鬼魂部队”？难道是鬼魂显灵？当然不是，世界上不存在鬼魂，人死了更不能复生。但这种怪现象毕竟连续出现了几次呀！

考察队把他们发现的怪现象报告了总部。总部很快发来了回电：

总部论证了你们的报告，“鬼魂部队”很可能受到地球磁场的作用。你们所处的大峡谷确实是个古战场，在几百年前曾经发生过惨烈的战争。在强磁场的环境里，人的声音和形象可能会被周围的岩石记录并储存起来，到了一定的时候又重新释放出来。当然这只是可能，但有一点可以肯定：自然界里的激光和铁钛合金确实具有录音录像的功能……

“哦，原来如此。”队员们恍然大悟。

在他们眼里，面前这片大峡谷更增加了几分神秘……

哈哈大笑的狐狸

“狐狸！狐狸！快看，那是一只多么美丽的狐狸呀！”

考察队的水陆汽车刚刚驶出森林，队员们就看到迎面跑过来一只美丽无比的狐狸。那狐狸确实美丽，不仅浑身油亮亮的毛皮惹人喜爱，那双眉眼更是让人着迷。在这荒无人烟的沙滩里，狐狸显然是对突然冒出的人和汽车感到好奇，所以傻乎乎地跟着汽车跑，丝毫也不感到害怕。

“难道它真的不害怕吗？！”

队员们一边议论一边举枪向空中打了几枪。

“砰砰砰——”随着一阵枪响，只见狐狸向前猛跑几步，突然变成了三条腿，一拐一拐的，一条腿显然被击中了。队员们觉得很奇怪，明明是朝天开的枪，难道这子弹会拐弯？于是他们又打了几枪，只见狐狸身体一翻，倒在一个低洼地里。队员们连忙下车，向狐狸倒地的地方跑去。但大家找了好一阵，也没见着狐狸的影子。奇怪，狐狸的腿已经受伤，不可能跑得太远，它能藏哪儿呢？队员们丈二和尚摸不着头脑……正在这时，大家一抬头，突然发现狐狸就在离大家两百米远的一块高地上，张大着嘴巴哈哈大笑呢！那种笑法非常特别，笑得前俯后仰、整个身体都在摇晃。原来狐狸根本就没有负伤，它只是要弄了一个小小的脱身计谋而已。堂堂考察队员平白遭受了一只狐狸的耍弄，心里不知是一种什么滋味。大家连忙登上汽车，开足马力向狐狸追去。那狐狸也不逃跑，眉眼藐视着队员们，一边笑还一边以单脚站立转着圈，就像一个肆无忌惮、目空一切的杂技团小丑。汽车飞快地接近着狐狸……突然，狐狸一溜烟向坡下猛冲，速度之快，简直令人难以置信。狐狸很快跑出了队员们的视线，当考察队的汽车再次追上狐狸的时候，狐狸已经又站在另一块高地上摇晃着身体哈哈大笑。队员们气红了眼，一边猛烈射击一边飞速向狐狸追去。这次，狐狸竟以“S”形的不规则路线拼命向一片杂草丛生、阴森森的荒石堆逃窜。狐狸很快又逃得无影无踪，把阴森森的荒石堆留给了考察队员……

考察队员们最终扑了个空——一只美丽然而聪明奸诈的狐狸，就这么彻底耍弄了一番想伤害它的考察队员。队员们无法承受这种耍弄，但他们恐怕更无法承受即将来临的比这种耍弄奸诈几百倍的险恶——他们步入了一个几乎无法脱身的恐怖陷阱！

真的，考察队员们喘息未定，有条蝮蛇就从一块石板底下嗖地蹿了出来。莫里森眼疾手快，抓起一把冲锋枪，用枪柄将蝮蛇砸死。

“哼，狐狸来耍弄我们，难道你也想来耍弄我们吗？”

莫里森气呼呼地又连砸几下，把蝮蛇砸了个稀巴烂。他把砸烂的蝮蛇挂在树枝上示众，算是解了心中的闷气。然而，一场决定着生与死的险恶也就这么开场了——从野草、洞穴里，从树根、石板底下，霎时间就冒出了几十条气势汹汹的毒蛇。

“不好，狐狸把我们引入了蛇窝！我们遇到蛇群了！”莫里森大吃一惊，马上命令，“快，快上汽车！”

汽车飞快地行驶，蛇群紧追不舍，队员们猛烈开火，毒蛇一片片地倒下。但是，越来越多的毒蛇漫山遍野地追过来。有几条毒蛇已经蹿到汽车的前面，缠绕在驾驶盘上了。幸亏机器狗冲上去，击退了毒蛇，否则后果不堪设想。情况越来越危险，毒蛇的速度飞快，水陆汽车的速度本来就比毒蛇快不了多少，再加上荒山野岭、坑坑洼洼，汽车很快就会被毒蛇包围的。这时，莫里森看到前面有间草棚，他扔出几颗燃烧弹，掩护队员们撤到草棚里坚守。队员们刚撤到草棚，堵住了门窗，外面已经有几千条毒蛇将草棚团团围住。面对如此恐怖的场面，队员们懊悔不已：没想到一个错误的举动竟然导致了如此严重的后果，而且是一错再错，最后招来了如此恐怖的群蛇报复！队员们一面向总部求救，一面准备抵抗毒蛇的进攻……

不一会儿，蛇群就开始向草棚进攻。毒蛇先是一群群地向草棚撞击，撞开了一个缺口。队员们只得用燃烧的树枝朝缺口扔去，暂时击退了蛇群。但草棚里的引火物并不多，而且这样做很容易使草棚着火。莫里森让大家把急救箱里的药物搅在水箱里，再将药水朝缺口外喷去。穷凶极恶的蛇群一碰到这种奇特的药水，都软瘫下来，懒洋洋地趴在地上。但药物和水快用完了，援兵却还没赶到。蛇群又开始骚动起来，小乔治想到用电来阻击蛇群。对，拆下发动机护铁板，接上电源，蛇群碰到铁板便死了。常常是这样，一条蛇触电，导致几十条蛇一齐死亡……

总部派来的救援部队终于赶来了。然而，面对着漫山遍野的毒蛇，救援部队惊得目瞪口呆、束手无策，只能远远地站在一边观望这场人与蛇的残酷搏斗。用炮轰，用机枪扫射，显然都会伤害草棚里的考察队员；硬将坦克车驶进蛇群，也不能将蛇全部击退……最后总队长考比想出了一个绝妙的办法：派直升飞机向草棚四周喷洒驱蛇药粉，迫使蛇群与草棚隔开一段距离；再穿破棚顶，将绳梯垂进棚子里，让考察队员们爬上直升飞机脱险。为了使蛇群死心，队员们爬上飞机前，在草棚里放了一把火……

爬上直升飞机的考察队员，终于脱险了。

他们看到复仇的蛇群依旧争先恐后地冲进熊熊燃烧的草棚里，疯狂地奔突着，嘶叫着……眼前这种世界上最惊险最罕见的奇观使他们震惊，但他们又看到了一个使他们的心灵更为震惊的场景——

在距离熊熊燃烧的草棚大约两百米的一个高坡上，又是那只美丽而奸诈的狐狸，正张大着嘴巴哈哈大笑，笑得前俯后仰，笑得整个身体都在摇晃……

恩与仇

考察队在魔鬼洞里搜索了半天，一无所获。最后，他们在洞底发现了一道亮光，走近一看，原来是魔鬼洞的出洞口。

“啊，没想到穿过了魔鬼洞，就是一片艳阳天！”队员们面对魔鬼洞外的一大片开阔地，只觉得豁然开朗。但他们高兴了一阵又马上陷入了烦恼：尽管只要通过眼前这块开阔地，就可以到达他们已经目能所及的最终目的地——魔鬼峰，但要通过这片开阔地谈何容易！

这是一片布满奇石怪湖、杂树丛生的开阔地。从上往下看是开阔地，走到面前却是一道难以逾越的屏障。整个开阔地连一条可以通行的缝隙都很难找到，更不要说像样的路了。莫里森只得决定：考察队分头行动，设法找到通往魔鬼峰的路途。他知道在这种地方探路，意味着将面临更大的危险。但是有什么办法呢？找不到路，就意味着无法通往目的地……

考察队就这么开始分散探路，就让我们来讲讲小乔治的探路情况吧。

小乔治、机器狗和动物学家富尔曼编成一组。

他们在密林里艰难地行进着，走了半天才来到一个池塘边。小乔治突然发现了一只全身红得发亮的大青蛙，富尔曼兴奋地说：“这种青蛙叫血蛙，是一种非常罕见、神秘的青蛙。”富尔曼刚想伸手去抓这只血蛙，忽然一只更大的血蛙从草丛里猛然跳到富尔曼的手上，张嘴就咬了一口，痛得他哇哇叫。大家惊呆了，这青蛙怎么如此凶狠？从来也没见过青蛙会咬人呀！富尔曼刚想发作，忽然又发现这只怪蛙长着一条细长的尾巴，尾巴末端还长着一对圆圆的黑球。对动物充满好奇的动物学家禁不住目不转睛地观察起这只怪蛙来，没想到一股黑色的汁液冷不丁从怪蛙的球囊中喷出，直射他的眼睛。富尔曼痛得大叫一声，昏迷了过去。原来，血蛙是一种吃人的蛙。它们遇上人或巨兽时，就从尾巴喷出一股黏稠的剧毒液汁；毒汁渗透皮肤进入体内，不多时就可以使巨兽或人头昏眼花，继而浑身抽搐颤抖乏力，甚至昏迷。这时群蛙就扑上来噬咬，把人或兽的血肉啃光，只留下一副骨架……

小乔治连忙救醒了富尔曼，可富尔曼眼前一片黑暗，眼睛已经失明。小乔治怒不可遏，用枪挑起这只可恶的血蛙，狠狠地朝一块石头上猛摔。只听血蛙怪叫一声，死了。

一场风险总算过去，小乔治搀扶着富尔曼继续赶路。

小乔治怎么也没想到，他的这一举动竟使他同血蛙结下了深仇大恨。群蛙的复仇行动接踵而来：先是听到四周渐渐响起一阵奇怪的鸣叫声，仔细一看，他们已被大大小小的血蛙包围。头蛙怪叫一声，血蛙们尾巴一翘，球囊里的剧毒黑汁就向小乔治他们喷射过来。小乔治一面护住眼睛，一面指挥机器狗驱赶群蛙。在机器狗的努力下，他们总算脱离了危险。但不远处的草丛里又跃出一只面盆般大的巨蛙。巨蛙足有三四千克重，一跃就有四五米远。巨蛙恶狠狠地向小乔治袭来，小乔治掉头就逃。巨蛙又大叫一声，只见千百只血蛙就像一下子从地底下冒出来似的拥过来。它们睁大“算盘珠”似的乌亮眼睛，三跳两跳就赶上了逃命的队员，将他们团团围住。蛙群集结得越来越多，包围圈越来越小，情况非常危急。富尔曼提醒小乔治上树避难，小乔治想，现在也只有上树一条路了。他连忙先把富尔曼推上一棵大树，随即自己也爬上了树干。然而令人吃惊的是，巨蛙追到树下，竟像叠罗汉似的一个个叠起来，越叠越高。小乔治顿时就傻了眼，一时不知该怎么对付；幸亏有机器狗在树下抵挡，否则后果不堪设想。但这些叠罗汉的血蛙，一个“罗汉”被冲倒了又奋不顾身地叠起另一个“罗汉”，孤身奋战的机器狗难以应付四面的群蛙……

就在千钧一发的关头， 从密林里猛地蹿出来一只黑乎乎的公野猪。

那公野猪体壮如牛、青面獠牙、凶神恶煞。它似乎窥视已久，见时机成熟，就大吼一声冲出密林，把专心致志追杀着小乔治他们的蛙群冲了个稀里哗啦，大有一副“壮士拔刀相助”的英勇气势。那蛙群也怪，见了公野猪竟一下子威风扫地，只听那只三四千克重的巨蛙怪叫一声，群蛙立即四散逃窜、销声匿迹了。

小乔治松了口气，他感激地看着“拔刀相助”的公野猪，真不知该怎么谢它。但他错了，那公野猪击退了蛙群后，朝树上的小乔治他们大吼一声，开始用锋利的獠牙啃树干，用肩膀顶树干。小乔治一下子明白过来：原来公野猪的最终目的是要吃人，它的“拔刀相助”其实是为了赶走蛙群，从蛙群手中争抢食物而已！

小乔治他们又被推上了悬崖，小乔治心里甚至有点怨：遭到群蛙追杀还说得过去，因为我毕竟摔死了它们一只血蛙；可你野猪算什么呢？我可没惹你呀！小乔治忘记了一个真理：世界上除了恩怨相报，还有无辜残杀。动物跟人一样，有报仇的，有报恩的，也有什么也不图的，只为了达到自己的目的。眼前的公野猪就为了争抢食物，别无他意。

那公野猪好像根本就不怕机器狗，他一面抵挡着机器狗的攻击，一面疯狂地啃树干。野猪的那对獠牙甚至比刀还锋利，“哗哗”几下，树干就出现了深深的口子。如果再那么“哗哗”几下，再用肩膀顶几下，大树必倒无疑。

小乔治闭上了眼睛。可就在他闭上眼睛的那一刻，耳边响起了另一种野兽的声音，那是熊！小乔治睁眼一看，果然从密林里走出来一只大黑熊！小乔治无奈地苦笑了一下：唉，看来大黑熊也是来争抢“食物”的。可是又有点怪，那大黑熊似乎并不想主动攻击公野猪，它只是低低地吼叫着，在公野猪身后徘徊，好像在警告公野猪：快离开！别动树上的人，否则我不客气！公野猪呢，对大黑熊的出现感到惊奇。照例，大黑熊也算是兽中之王了，兽中之王的警告总应该惧而待之了吧？但公野猪根本就不听大黑熊的警告，居然主动发难，朝着大黑熊恶狠狠地猛扑过来。

一场空前激烈的猪熊搏斗就这么开始了。面对凶神恶煞的公野猪，大黑熊只能被迫应战。双方你来我往，恶战十来个回合，结局实在是非常可悲：大黑熊的一条前腿被咬得鲜血直流，连骨头也露了出来。而公野猪就更惨了，它全身上下被撕开了好几条口子，脑袋也被熊掌重重地拍了几下，血流不止。

按理说，双方都受了重伤，谁也没占便宜，该鸣金休战了。可是，几分钟后战火又起。大黑熊实在不愿意与这头疯野猪斗下去，它只是慢慢地朝着大树退，退到大树脚下不能再退了，就朝着野猪吼叫几声，意思说：你不要再逼我了！只要你离开这里，我们就相安无事。可是天生犟脾气的公野猪就是不肯罢休，它根本不顾自己身上的伤口还在不停地流血，狂叫一声，再一次向大黑熊扑去。

也许，这是决定生死的最后一击了，双方都用足了力气猛扑过去。

结果，公野猪的喉咙被大黑熊咬断，首先一命呜呼！

大黑熊的命运也十分悲壮，公野猪长长的獠牙刺进了它的腹部，连肠子也流了出来。它呻吟着朝树上的小乔治看了看，又朝身后的密林里看了最后一眼，也咽了气……

树上的小乔治一直观看着这场猪熊搏斗，他没想到这场猪熊搏斗竟是以"同归于尽"的结局告终，这样激烈这样悲壮的巨兽搏斗，恐怕今生今世再不可能看到第二回了！

小乔治从树上下来，战战兢兢地走到这两只死去的巨兽前面。突然从密林里又蹿出一只小熊崽，围着大黑熊的尸体"呜呜"地叫，样子十分悲伤。小乔治一眼就认出，它是他曾经抚养过的那只小熊崽；也几乎是在同时，小乔治突然明白：那只已经死去的大黑熊原来就是小熊崽的妈妈！啊，大黑熊其实是为救他而死！大黑熊是在报答他对小熊崽的养育之恩呀！

小乔治扑倒在大黑熊身上，泪流满面……

夕阳西下的时候，他们开始回考察队：机器狗和小熊崽走在前面，小乔治搀扶着受伤的富尔曼跟在后面，默默地走着，走得很慢很慢……